ARBEITSGEMEINSCHAFT FÜR FORSCHUNG
DES LANDES NORDRHEIN-WESTFALEN

GEISTESWISSENSCHAFTEN

Sitzung
am 13. Oktober 1954
in Düsseldorf

ARBEITSGEMEINSCHAFT FÜR FORSCHUNG DES LANDES NORDRHEIN-WESTFALEN

GEISTESWISSENSCHAFTEN

HEFT 35

Hermann Conrad

Die mittelalterliche Besiedlung des deutschen Ostens und das Deutsche Recht

WESTDEUTSCHER VERLAG · KÖLN UND OPLADEN

ISBN 978-3-322-98048-9   ISBN 978-3-322-98681-8 (eBook)
DOI 10.1007/978-3-322-98681-8

Die mittelalterliche Besiedlung
des deutschen Ostens und das Deutsche Recht

Professor Dr. jur. *Hermann Conrad*, Bonn

Im Vorwort seiner im Jahre 1937 erschienenen „*Geschichte der ostdeut-schen Kolonisation*" hat *Rudolf Kötzschke* gesagt: „*Die deutsche Besiedlung der Ostlande ist eine der wichtigsten, grundlegenden Tatsachen gesamtdeut-scher Volksgeschichte. Ein jeder, der deutsches Leben der Gegenwart tiefer verstehen und würdigen will, muß sich ein klares, fest umrissenes Bild jener Vorgänge schaffen*"[1]. Dieser Satz war damals im Hinblick auf die aktive Ostpolitik des nationalsozialistischen Reiches niedergelegt. Der Verfasser konnte nicht ahnen, wie sehr aktuell dieser Satz noch nicht zehn Jahre später wurde, allerdings anders aktuell als im Jahre 1937, als dieser Satz niedergeschrieben wurde. 1945 war das Großdeutsche Reich des National-sozialismus niedergeworfen und entmachtet. Aus tausend Wunden blutend, von feindlichen Heeren aus Ost und West überrannt und besetzt, von Hun-ger und Not geplagt und seiner Ostgebiete beraubt lag Deutschland am Boden. Die Bewohner der entrissenen Ostgebiete wurden von den Siegern, die sie in Anspruch nahmen, von Haus und Hof vertrieben und nach Westen gejagt, wenn ihnen nicht noch Schlimmeres geschah. Die Oder-Neiße-Linie wurde zunächst als vorläufige Grenze, bald aber schon von unseren öst-lichen Nachbarn und der durch russische Bajonette aufgerichteten Regierung Sowjetdeutschlands als endgültig bezeichnet bzw. anerkannt. Für das freie Deutschland aber stellte sich, seitdem es seine Stimme wieder im Rate der freien Völker erheben durfte, die Frage, ob es diese Tatsachen, die ohne seinen Willen eingetreten waren, anerkennen wollte oder nicht.

Das freie Deutschland hat diese Fage beantwortet, indem es seine An-sprüche auf die ihm entrissenen Gebiete immer wieder erneut erhebt und geltend macht. Ansprüche müssen begründet werden. Eine der Begründun-gen dieser Ansprüche ist das historische Recht des deutschen Volkes auf dieses Land. Das bedeutet nicht, daß antiquierte Geschehnisse und Vorgänge

---

[1] *Rudolf Kötzschke* und *Wolfgang Ebert*, Geschichte der ostdeutschen Kolonisation, Leipzig 1937, 7.

zur Stütze eines geschichtlichen Rechtes herangezogen werden sollen. Vielmehr soll aus der lebendigen Vergangenheit dieses Landes gezeigt werden, daß es erst durch den Lebensatem des deutschen Volkes zu dem geworden ist, was es heute darstellt und überhaupt erst begehrenswert macht. Eine jahrhundertelange Entwicklung hat zur Einreihung des Deutschland heute entrissenen Landes in den abendländischen und deutschen Kulturraum geführt. Eine jahrhundertelange Geschichte hat Tatsachen geschaffen, über die sich nicht mit politischen Erklärungen oder Machtsprüchen hinweggehen läßt.

Man wird der großen Bewegung, die man die deutsche Ostkolonisation des Mittelalters nennt, nicht den Vorwurf machen können, daß sie das Land in eine Wüste verwandelt habe, indem sie mit Feuer und Schwert vorging, vernichtete und ausbeutete. Die deutschen Kolonisatoren haben vielmehr Dörfer und Städte gegründet, sie haben Straßen und Handelsverbindungen geschaffen und die Ertragsfähigkeit des Landes gesteigert. Selbst da, wo die Kolonisation mit Waffengewalt vorging, wie etwa in Preußen, hat sie nur vernichtet, um wieder aufzubauen. An keiner Stelle aber wurde der Landesausbau im neubesiedelten Gebiete im Interesse des Mutterlandes betrieben, also aus dem Neugebiet eine Kolonie gemacht. Wohl verknüpfte ein festes Band von Handelsbeziehungen das Siedlungsgebiet mit dem Mutterland, doch ohne dieses dadurch besonders zu begünstigen. Vielmehr haben beide daraus Vorteile gezogen. Die deutsche Ostkolonisation kann sich rühmen, das neubesiedelte Land im Osten durchkultiviert zu haben. Die deutschen Einwanderer waren hier die Träger einer höheren Kultur als die der Einheimischen. Wurde doch auch den Völkern, die die Siedlungsgebiete bewohnten, häufig von den Deutschen erst das Christentum gebracht. Damit aber trugen die Deutschen die christlich-abendländische Kultur über ihre Grenzen nach Osten. Sie wurden zu Vorkämpfern der abendländischen Idee des christlichen Mittelalters.

Eine der großen Kulturleistungen der deutschen Ostkolonisation war die *Verbreitung des deutschen Rechtes* in den neugewonnenen Gebieten und sogar darüber hinaus. Die deutschen Siedler brachten in die neugewonnenen Gebiete das Recht ihrer Heimat mit, das nun auch in den Kolonisationsländern Fuß faßte und sich dort nicht nur unter der deutschen Bevölkerung verbreitete. Die Bürger und Kaufleute, die häufig weit außerhalb der Grenzen des deutschen Volkstums Niederlassungen und Städte begründeten, schenkten diesen neuen Handelsemporien das durchgebildete Stadtrecht ihrer Heimatstadt. Dadurch aber wurden sie erst eigentlich zu Schöpfern des Städtewesens in den Neugebieten; denn die Ausbildung der Stadt ist von der rechtlichen Lage der Bewohner eines Ortes bestimmt. Auch die bäuerlichen Siedler des Landes brachten ein durchgebildetes Recht mit, das ihnen die kolonisatorische Leistung überhaupt erst ermöglichte. Das Recht der deutschen Einwanderer hat wesentlich dazu beigetragen, die wirtschaftliche und kulturelle Leistung der Ostkolonisation zu ermöglichen. Es hat darüber hinaus das Rechtsleben auch des nichtdeutschen Ostens beeinflussen können. Wo aber die Kolonisatoren ihr eigenes Recht mitbringen, und dieses nicht nur zum weitverbreiteten Recht des Neusiedlungsgebietes, sondern sogar zum begehrten Recht der Alteinwohner des besiedelten Raumes wird, kann man kaum mehr von Gewalt und Unrecht der Kolonisation sprechen. Mit der Seßhaftwerdung der deutschen Kolonisatoren vollzog sich die Einwurzelung des deutschen Rechtes in den neugewonnenen Gebieten und zugleich jener geschichtliche Vorgang, der aus den Neusiedlungsgebieten deutsches Land machte.

Die historische und rechtshistorische Forschung hat die Bedeutung des deutschen Rechtes für die Ostkolonisation richtig erkannt und dem Problem zahlreiche Abhandlungen spezieller oder allgemeiner Natur gewidmet. Insbesondere hat sich die Forschung zum Magdeburger Recht, dessen Auswirkungen auf den Osten wohl am stärksten gewesen sind, mit der Verbreitung und Einflußnahme des Magdeburger Rechtes und seiner Tochterrechte im Osten beschäftigt. In diesem Bereich ist vor allem *Theodor Goerlitz* († 1949) mit zahlreichen Arbeiten und Publikationen hervorgetreten. *Wilhelm Weizsäcker* hat das Problem der Verbreitung des deutschen Rechtes im Osten in Einzeluntersuchungen behandelt, aber auch Gesamtüberblicke gegeben. In einer vor nicht langer Zeit erschienenen Arbeit hat er die kolonisatorische Bedeutung des deutschen Rechtes nochmals im Grundsätzlichen hervorgehoben [2]. Grundlegend für die Stadtrechtsforschung des Ostens ist das 1942 erschienene Werk der Hallischen Rechtshistorikerin *Gertrud Schubart-Fikentscher,* „Die Verbreitung der deutschen Stadtrechte in Osteuropa" [3]. Die Bedeutung des ganzen Problems rückt die vorzügliche Arbeit von *Richard Koebner,* „Deutsches Recht und Deutsche Kolonisation in den Piastenländern" [4] ins richtige Licht, der sich mit einschlägigen polnischen Werken auseinandersetzt, die zwar die Auswirkung des sog. „deutschen

---

[2] *Wilhelm Weizsäcker,* Das deutsche Recht als Aufbaufaktor des Ostens, in Der deutsche Osten und das Abendland, hrsg. von *Hermann Aubin,* München 1953, 95, auch Die Geschichte des Rechtes in Böhmen und Mähren, in Die Deutschen in Böhmen und Mähren, hrsg. von *H. Preidel,* Gräfelfing bei München 1950, 132.

[3] Forschungen zum Deutschen Recht IV. 3, Weimar 1942.

[4] Vierteljahrsschrift für Sozial- und Wirtschaftsgeschichte 25, 1932, 313.

Rechtes" nicht abstreiten können, den Begriff „Deutsches Recht" aber umdeuten oder gar verfälschen, um die Leistung der deutschen Kolonisation entwerten zu können. Gerade diese Arbeit, die im Jahre 1932 geschrieben ist, zeigt die unabdingbare Pflicht der deutschen Forschung, dem Problem des deutschen Rechts bei der Ostkolonisation immer wieder ihr Augenmerk zuzuwenden. In diesem Sinne soll auch dieser Vortrag verstanden werden, der keine eigene Forschungsarbeit wiedergibt, sondern die Ergebnisse der historischen und rechtshistorischen Wissenschaft nur zusammenfassen und unter großen Gesichtspunkten zeigen will, um damit die Bedeutung der Aufgabe herauszustellen. Dabei werden vor allem auch die grundlegenden Arbeiten von *Hermann Aubin* und *Rudolf Kötzschke* verwertet werden [5].

I. Die Vorgeschichte der Ostkolonisation

Das Ringen um die Ostgebiete nahm seinen Anfang, als die Germanen begannen, sich über ihre ursprünglichen Sitze in Norddeutschland zwischen der unteren Weser und der unteren Oder auszudehnen. Diese frühe germanische Wanderbewegung, die sowohl nach Westen und Süden als auch nach Osten gerichtet war, wurde durch eine Klimaverschlechterung im nördlichen Europa, möglicherweise auch durch ein allmähliches Absinken der alten Landbrücke zwischen Skandinavien und Kontinental-Europa, hervorgerufen. Noch zu Ausgang der Bronzezeit (10.—9. Jh. v. Chr.) erreichte der germanische Vormarsch im Osten die Weichsel, die bald in breiter Front überschritten wurde. Um 400 v. Chr. erstreckte sich der germanische Siedlungsraum östlich der Weichsel bis in das Mündungsgebiet der Memel und umfaßte einen Teil des Gebiets des späteren Polen. Der Raum östlich der Oder bildete fortan ein Sammelbecken der von Norden nach Südwesten und Südosten wandernden Germanen. Von hier aus begannen neben anderen die ostgermanischen Völker der Vandalen, Burgunder und Goten ihre großen Wanderungen. Die abwandernden germanischen Völker aber überließen ihren bisherigen Siedlungsraum den Slawen, deren Heimat um 400 n. Chr. noch der Raum östlich der Weichsel bis zum Stromgebiet des Pripet und des oberen Dnjepr und nach Süden bis an den Dnjestr und Bug gebildet zu haben scheint, und den ebenfalls vordringenden baltischen Völkern. Langsam haben sich die slawischen Völker nach dem Abzug der Germanen nach Westen geschoben und selbst die Oder überschritten. Sie

---

[5] Eine Zusammenstellung des einschlägigen Schrifttums am Schluß der Abhandlung.

nahmen das nach dem Abzug der Sweben nur noch dünn besiedelte Gebiet zwischen Oder und Elbe in Besitz. In der 1. Hälfte des 7. Jh. hören wir von Einfällen der Slawen in Thüringen (seit 632). Um 800 bildete die Saale die Grenze zwischen den Thüringern und slawischen Sorben. Nach dem Abzug der Goten wurde das Land zwischen Weichsel und Memel von den baltischen Pruzzen besiedelt.

Wenn nun auch größere Stammesverbände der Slawen entlang der östlichen Siedlungsgrenze der Germanen genannt werden wie die Abodriten in Mecklenburg, die Wilzen (Liutizen, auch Wenden) an der Elbe, die Sorben zwischen Elbe und Saale, weiter südlich die Tschechen und Mähren, so bestand doch keine umfassende Organisation der slawischen Völker. Diese siedelten vielmehr in Kleinverbänden, die zuweilen untereinander in loser Verbindung standen. Häufig schlossen sich die Völkerschaften durch Einöden voneinander ab. Nur vorübergehend hat ein fränkischer Kaufmann Samo ein größeres slawisches Reich errichten können (623 – um 658), das auch in kriegerische Auseinandersetzungen mit dem Merowingerreiche geriet. Den Grenzkampf gegen die Slawen führten während der Merowingerherrschaft durchweg die an der Ostgrenze sitzenden Stämme: im Norden die damals noch nicht zum fränkischen Reiche gehörenden Sachsen, die erbitterte Feinde der Abodriten und Wilzen (Liutizen) waren, im Mittelteil der Ostfront die Thüringer, denen die Sorben gegenüberstanden. Hier wirkte sich der Zusammenbruch des großthüringischen Reiches, das 531 einem Doppelangriff der Franken und Sachsen erlegen war, ungünstig aus. Es war nur ein schwacher kolonisatorischer Ansatz, wenn Frankenherrscher um 560 zwischen Harz und Saale Nord-Sweben und andere germanische Splitter ansiedelten, die aus dem slawischen Vorfeld aufgenommen wurden. Im Südosten hielten die Bayern die Grenzwacht gegen die Slawen in den Alpenländern und im Sudetengebiet. Seit dem 7. Jahrhundert besiedelten sie die ihrem Stammesgebiet benachbarten von einer nur dünnen Schicht der Slawen bewohnten oder noch gänzlich unbewohnten Gebirgslandschaften. In den Alpenländern haben die Bayern bereits eine planmäßige Kolonisation betrieben. Sie verband sich mit der Christianisierung der Slawen. Die Erhebung von Salzburg und Passau zu Bischofssitzen (739) diente der Unterstützung der Slawenmission.

Eine feste Organisation der Ostgrenze des fränkischen Reiches begegnet erst seit Karl d. Gr. Die Unterwerfung der Sachsen (803) und Bayern (788) hatte die beiden Eckpfeiler der Ostfront in die Hand des Frankenherrschers gebracht. Im Südosten wurde das awarische Großreich zerschlagen (796).

Hier wurde jetzt die Pannonische Mark zwischen Donau und Drau gegründet, die ihren Rückhalt im östlichen Bayern erhielt. Salzburg wurde wegen seiner erhöhten Bedeutung für die Mission im Südosten zum Erzbistum erhoben (798). Im Norden des bayerischen Stammesgebietes entstand die Markgrafschaft Nordgau [6]. An der Elbe-Saale-Linie, die seit der Eroberung Sachsens zu einer strategisch und politisch wichtigen Grenze des fränkischen Reiches geworden war, entstand, Thüringen vorgelagert, die sorbische Mark zwischen Saale und Elbe, indes weiter nördlich unter Karl d. Gr. und Ludwig d. Fr. die nordalbingische Mark gegen die Dänen und Abodriten errichtet wurde. Unter Karl d. Gr. wurden hier Grenzbefestigungen angelegt. Erst unter Ludwig I. scheint der Ausbau der Mark vollzogen worden zu sein. Wenig später ist diese Mark von den dänischen Normannen überrannt worden, die 845 Hamburg zerstörten.

Die karolingischen Marken dienten dem Grenzschutz. Sie umfaßten meist erobertes Gebiet, das durch Kastelle und Befestigungen gegen feindliche Angriffe gesichert wurde. Ihren Rückhalt fand die Mark in dem ihr zugehörigen oder angelehnten Stammesgebiet. Eigentliches Kolonisationsgebiet war die Mark nicht. Doch kamen mit dem militärischen Ausbau auch Siedler ins Land. Zugleich faßte die Kirche im Markgebiet Fuß. Auf der mutterländischen Seite der sorbischen Mark – also links der Saale – wurden in karolingischer Zeit Siedlungen zum Zwecke der Landessicherung angelegt. Ein Vorstoß der Siedlung über die Saale, die durch Burgen gesichert war, erfolgte jedenfalls nicht in größerem Umfange. Auch die nordalbingische Mark bot noch kein Feld für eine planmäßige Siedlung.

Günstiger lagen die Verhältnisse im Süden, wo seit Ludwig d. Dt. das bevölkerungsarme Gebiet der bayerischen Mark auf dem Nordgau besiedelt wurde. Ludwig d. Dt. bevorzugte das benachbarte, mit dem Blick nach Osten gerichtete Regensburg als Königssitz, so daß dieses zeitweilig den Charakter einer Hauptstadt des ostfränkischen Reiches annehmen konnte. Würzburg nahm als nach Osten gerichteter Missionsstützpunkt eine wichtige Stelle in der fränkischen Ostpolitik ein. Im Südosten betrieb Bayern eine planmäßige Siedlungspolitik im Bereich der pannonischen (awarischen) Mark (dem heutigen Ungarn) und im Alpenraum. Die bayerische Siedlung griff sogar bis über die Raab an das Land um den Plattensee.

Die geniale Persönlichkeit Karls d. Gr. hatte dem Frankenreiche die große Aufgabe einer ostwärts gerichteten Politik gestellt. Schon zeigten

---

[6] Zur Frage der Existenz dieser Mark vgl. jetzt *H. Conrad*, Deutsche Rechtsgeschichte. 1. Bd. Frühzeit und Mittelalter, Karlsruhe 1954, 147 Anm. 21 mit Schrifttumsangaben.

sich in der Erfüllung dieser Aufgabe die leitenden Gedanken der späteren Ostkolonisation: Ausdehnung des deutschen Siedlungsraumes und Verbreitung des Christentums unter den noch heidnischen Slawen. Doch bevor noch die Saat aufgehen konnte, die der große Frankenherrscher ausgesät hatte, wurde das ganze Werk noch einmal in Frage gestellt. Von Norden brachen die Normannen in das Reich ein, von Südosten wurden die Reichsgrenzen durch die Ungarn bedroht. Unter dem Ansturm des ungarischen Reitervolkes aus den Steppen Rußlands brach zu Beginn des 10. Jahrhunderts das karolingische Grenzsystem im Osten zusammen. 907 schlugen die Ungarn ein bayerisches Heer. Der bayerische Markgraf Luitpold fiel. Ein Jahr später fiel Markgraf Burkhard in Thüringen im Kampfe gegen die Ungarn. Deutschland stand den wilden Scharen offen, die tief in deutsches Land eindrangen. Als die Grenzwehr im Osten versagte, mußten im ganzen Reiche befestigte Plätze angelegt werden, selbst im Westen des Reiches, bis nach Lothringen, mußte man sich gegen den Feind aus dem Osten zur Wehr setzen.

Das Chaos, das den Untergang des großfränkischen Reiches im Ausgang des 9. und zu Beginn des 10. Jahrhunderts begleitete, führte im ostfränkischen Reiche zur Wahl des Sachsenherzogs Heinrich zum König (Fritzlar 919). Das junge deutsche Reich trat mit einer umstrittenen Westgrenze und einer blutenden Ostgrenze ins Leben. Doch der neue König war im Grenzkampf gegen die Slawen groß geworden. Er griff diese Aufgabe mit voller Kraft an. Zunächst bildeten die Elbe-Saale-Linie und das Herzogtum Bayern die Grenze gegen Slawen und Ungarn. Heinrich errichtete entlang der Elbe-Saale-Linie eine Kette von Burgen, die von einem Verteidigungsbezirk umgeben waren (sog. Burgwardeien). Eine schwergerüstete Reiterei wurde ausgebildet. Im Winter 928/29 überschritt Heinrich die Elbe und eroberte die Feste Brandenburg im Havelland. Im Frühsommer erfolgte der Vorstoß in das Land der Daleminzier. Hier wurde die Burg Meißen erbaut (929). Auf einem Zuge gegen Prag erzwang der König die Anerkennung der deutschen Oberhoheit durch den Böhmenherzog Wenzel (921–929) (929). Auch andere slawische Stämme mußten die Schärfe des deutschen Schwertes fühlen. Schon reichte der deutsche Einfluß über die alte Volksgrenze hinaus, als Heinrich zum Schlage gegen die Ungarn ansetzte und diese in der Schlacht bei Riade (933) besiegte. Unter seinem Sohne wurden die Ungarn in der Schlacht auf dem Lechfelde entscheidend geschlagen (955). In der Folge hörten die Raubzüge der Ungarn ins Reich auf. Ungarn erschloß sich der christlich-abendländischen Kultur.

Unter den späteren sächsischen Herrschern wurde die Politik der Sicherung der Ostgrenze fortgesetzt. Im Nordosten schuf Otto d. Gr. eine den östlichen Teil von Holstein, Mecklenburg und Vorpommern umfassende Mark, die sich bis an das Oderhaff erstreckte. Ihre Verteidigung wurde Hermann Billung (936–973) anvertraut (Mark der Billunger). Weiter südlich gebot Markgraf Gero, der „gefürchtete Slawenbezwinger ostsächsischen Geblütes" an der mittleren Elbe. Nach Geros Tod (965) entstanden hier mehrere Markbezirke, von denen nur drei von Bestand waren: die sächsische Nordmark an der mittleren Elbe mit dem Vorland um Brandenburg und Havelberg, die sächsische Ostmark (Mark Lausitz) und die Thüringen vorgelagerte Mark (Mark Meißen). Unter Otto II. wurden im Südosten drei neue Grenzbezirke geschaffen, die teils an während der Ungarnstürme untergegangene karolingische Markenbildungen anknüpften, teils dem Zwecke dienten, das Herzogtum Bayern zu schwächen, das sich wenig vorher gegenüber dem König als unzuverlässig erwiesen hatte (976): die bayerische Nordmark (Markgrafschaft Nordgau) zwischen Donau, Altmühl, bayerischem Wald und Fichtelgebirge gegen Böhmen gerichtet, die bayerische Ostmark (bald auch Ostarrichi = Österreich genannt, seit 996), die von Bayern abgetrennt und dem Markgrafen Luitpold aus dem Hause der Babenberger übertragen wurde, südlich wurde Kärnten von Bayern abgetrennt und zum Herzogtum erhoben.

Die Ostpolitik des Reiches ging Hand in Hand mit der Christianisierung des slawischen Ostens. Dies wurde vor allem sichtbar in der Schaffung einer kirchlichen Organisation im östlichen Einflußgebiet. Ein Kranz von Bistümern wurde im slawischen Vorland des Reiches gegründet. Unter Otto d. Gr. entstanden im Norden die Bistümer Oldenburg (Aldenburg) in Holstein und Schleswig (947/48), weiter südlich Brandenburg und Havelberg (948), Meißen, Merseburg und Zeitz (968). Etwas später entstanden unter Erzbischof Adalbert von Bremen (1043–1072) die Bistümer Mecklenburg und Ratzeburg (1062/66). Heinrich II. errichtete das Missions- und Grenzbistum Bamberg (1007). Eine zentrale Bedeutung für die Mission im slawischen Raum gewann das Erzbistum Magdeburg, das 968 von Otto d. Gr. als Missionserzbistum gegründet wurde. Es sollte die Aufgabe einer Metropole für alle noch zu unterwerfenden Slawenländer erfüllen. Böhmen erhielt 973 in Prag ein eigenes Bistum, das zur Mainzer Kirchenprovinz gehörte. Vorher hatte es zur Regensburger Diözese gehört, so daß von dort ein starker kirchlicher und kultureller Einfluß ausging. Die deutsche Herrschaft zwischen Elbe und Oder schien nunmehr gesichert. Der neue Herzog von Böhmen Boleslaw I. anerkannte wie sein von ihm ermordeter Bruder Wenzel die deutsche Oberhoheit erneut an (950). Auch der Aufstieg des neuen polnischen Staates im Osten konnte die vorgeschobene deutsche Herrschaft in den slawischen Gebieten nicht mehr beeinträchtigen, nachdem auch der Polenherzog Mieschko (Miesko I. 960–992) sich der Oberhoheit des Reiches gebeugt hatte. Im ersten Waffengange um den Grenzsaum der slawischen Kleinvölker zwischen dem Reich und Polen hatte das Reich den Sieg davongetragen. Doch in der Zukunft erwuchs ihm in Polen ein gefährlicher Gegenspieler. Dies sollte schon bald offenbar werden, als der große Slawenaufstand des Jahres 983 die deutsche Herrschaft zwischen Elbe und Oder nahezu zusammenbrechen ließ, so daß sich der deutsche Einfluß nur im unmittelbaren Vorlande behaupten konnte. Innere Schwierigkeiten des Reiches, Thronwirren und die Italienpolitik lähmten das Reich, das in den nächsten Jahrzehnten das Verlorene nicht wieder einbringen konnte. Der junge polnische Staat aber nahm einen ungeahnten Aufstieg. Schon die Annahme des Christentums gab ihm eine bevorzugte Stellung unter den Slawen. Boleslaw I. Chrobry (992–1025) konnte das Werk seines Vaters krönen. Mit Hilfe Ottos III. erhielt Polen ein eigenes Erzbistum in Gnesen, dem auch das früher zu Magdeburg gehörige Bistum Posen unterstellt wurde (1000). Die polnische Kirche wurde dadurch unabhängig von der deutschen. Diese aber verlor ihren unmittelbaren Einfluß in Polen. Der Nationalstaatsgedanke erhielt dadurch einen mächtigen Auftrieb. 1025 konnte Boleslaw noch die Königskrone erwerben.

Inzwischen hatte der aufstrebende junge polnische Staat sein Gebiet durch den Erwerb von Pommern und Schlesien, Böhmen und der mittelelbischen deutschen Slawenmarken erweitern können. Dem Polenherzog schwebte ein Großstaat vor Augen, der alle westslawischen Stämme vereinen sollte. Schon Mieschko hatte diesen Plan grundgelegt. Selbst nach Kiew griff Boleslaw aus. Heinrich II. mußte nach schweren Kämpfen im Frieden von Bautzen (1018) Polen die Lausitz mit dem Milzener Land überlassen. Erst Konrad II. vermochte die verlorenen Gebiete 1031 zurückzuerwerben. Das polnische Großreich brach nach dem Tode Boleslaws auseinander.

Die Entstehung selbständiger christlicher Nationalstaaten im Osten des Reiches hat dessen Ostgrenze grundsätzlich verändert. Zunächst war die deutsche Grenze Außengrenze des christlich-abendländischen Kulturbereiches gewesen. Die Entstehung selbständiger Staaten (Ungarn und Polen) legte die Grenzen des Reiches im Osten auf weite Strecken fest. Das Reich grenzte hier an eine fest bestimmte Staatenwelt. Böhmen wurde dem Reiche, wenn auch in Sonderstellung, eingegliedert, so daß die deutsche Reichsgrenze gegen Böhmen schon seit dem 11. Jahrhundert den eigentlichen Grenzcharakter verlor. Hier verlagerte sich die Reichsgrenze auf die Ostgrenze Böhmens, wo Mähren seit 1182 als Markgrafschaft bezeichnet wurde, ohne aber den Charakter einer solchen aufzuweisen. Die gegen Böhmen und Ungarn errichteten Marken im Südosten verloren ihren Charakter als Grenzräume. Die bayerische Ostmark wurde im Jahre 1156 zum Herzogtum Österreich erhoben, ein verfassungsgeschichtlich bedeutsamer Vorgang, weil hier eines der frühesten territorialen Herzogtümer als Vorbild für die späteren Territorialherrschaften geschaffen wurde. Noch südlicher wurde die Mark Steier (seit der 1. Hälfte des 11. Jahrhunderts von Kärnten getrennt) ebenfalls zum Herzogtum erhoben (1180). Im Mittelteil der Ostgrenze verloren die Marken Lausitz und Meißen ihre ehemalige Bedeutung. Weiter nördlich übernahm seit dem 12. Jahrhundert die Markgrafschaft Brandenburg die Aufgaben der Grenzpolitik. Hier ergab sich noch ein reiches Feld der Ausdehnung und Kolonisation; denn hier war das Grenzgefüge am schwächsten. An der Unterelbe hatte eine heidnische Reaktion der Abodriten 1066 den wieder über die Volksgrenze ausgreifenden christlich-deutschen Einfluß ausgeschaltet. Hier lagen in Ostholstein und Mecklenburg ebenfalls noch wichtige Kolonisationsaufgaben.

II. Die mittelalterliche Ostkolonisation

Wir sind an dem Zeitpunkt angelangt, in dem die Bewegung einsetzte, die wir als die deutsche Ostkolonisation des Mittelalters bezeichnen. Unsere Betrachtung der deutschen Ostgrenze hat ergeben, daß die alten Grenzräume vielfach ihre Bedeutung verloren, an anderen Stellen dagegen die Grenze fließend blieb, so daß sich hier Verschiebungen notwendigerweise ergeben mußten. Gerade hier nun drängte sich die Aufgabe einer Siedlung auf. Die Erkenntnis, daß nur eine dichte Besiedlung das Erworbene sichern könne, setzte sich durch. Dies galt auch für die alten Grenzräume, die nur eine dünne Besiedlung aufwiesen. Die Gründe für die jetzt einsetzende Siedlungsbewegung sind nicht eindeutig. Man mag sie in der starken Bevölkerungszunahme im Altreich sehen, in dem Streben zahlreicher Bewohner des Altreiches, sich in dem Neusiedlungsgebiet ein besseres Auskommen oder eine günstigere Rechtsstellung zu suchen, schließlich auch in dem wagemutigen Unternehmungsgeist deutscher Bürger und Kaufleute, die mit dem deutschen Handel auch die städtische Siedlung in den Osten trugen.

Nicht zu übersehen sind aber auch die ideellen Antriebe, die Aufgabe der christlichen Mission in den slawischen Heidenländern. War doch Deutschland, dessen König die römische Kaiserkrone des christlichen Abendlandes trug, in erster Linie zu einer solchen Mission berufen. Es ist ein für die Ostkolonisation entscheidender Vorgang, daß zu Beginn des 12. Jahrhunderts mit Lothar von Supplinburg ein Herrscher den deutschen Thron bestieg, der vorher Herzog von Sachsen war (seit 1106), mithin mit den Fragen der Grenzpolitik vertraut war. Wiederum wie zu Zeiten der ersten sächsischen Herrscher wandte sich das Interesse der deutschen Krone dem Osten zu. Im Grenzgebiet der Elbe-Saale wurde eine neue Ordnung aufgerichtet. Die Mark Meißen und die Lausitz wurden dem Markgrafen Konrad aus dem Hause Wettin übertragen (1123–1156). Die Altmark (sächsische Nordmark) erhielt Albrecht der Bär aus dem Hause Askanien (1134–1170). In Nordalbingien wurde Adolf von Schauenburg mit der gräflichen Gewalt betraut (1131–1164). Lothar selbst errichtete in Ostholstein die Feste Segeberg, er nahm Hoheitsrechte über Pommern in Anspruch und stellte die Oberhoheit über Polen wieder her (1135). Zugleich setzte das Königtum unter Lothar von Supplinburg, Konrad III. und Friedrich I. Barbarossa zu Städtegründungen im mitteldeutschen Osten an und wurde dadurch vorbildlich für andere Herren. Die neue Phase der Ostpolitik wird hier deutlich. Allerdings ist die Ostbewegung nicht allein dadurch bestimmt worden. Dies zeigt deutlich der Siedlungsvorstoß des Grafen Wiprecht von Groitzsch, der 1104 mainfränkische Bauern in das Gebiet der weißen Elster führte.

Wie sehr aber diese neue Ostpolitik von neuartigem Ideengut getragen wurde, zeigt der gleichzeitig offenkundig werdende Antrieb zur Ostsiedlung. Im Jahre 1108 erließ eine Versammlung geistlicher und weltlicher Fürsten von Merseburg aus einen Aufruf zur Besiedlung des slawischen Ostens. Die beiden entscheidenden, der Ostwanderung deutscher Siedler zugrundeliegenden Beweggründe kommen hier schon klar zum Ausdruck: *Die Niederwerfung der Heiden und Ausweitung des Christentums sowie der Gewinn neuen Siedlungslandes:* „*Deshalb könnt Ihr, Sachsen, Franken, Lothringer, und Ihr, hochberühmte Söhne Flanderns, Bezwinger der Welt, hier das ewige Heil Euerer Seelen gewinnen und zugleich, wenn Ihr wollt, das beste Siedlungsland erwerben* [7].*"* Der Wendenkreuzzug des Jahres 1147, zu dem der Kreuzzugsprediger Bernhard von Clairvaux aufgerufen

---

[7] Vgl. *Günther Franz*, Deutsches Bauerntum, I. Mittelalter, Germanenrechte Neue Folge. Abt. Bauerntum, Weimar 1940, 90.

hatte, brachte zwar keinen Erfolg, aber der Weg nach dem Osten war
gewiesen. Albrecht der Bär in Brandenburg, Graf Adolf II. von Schauenburg in den nordelbischen Gebieten, Wiprecht von Groitzsch im Elster-
land, Markgraf Otto von Meißen, Erzbischof Wichmann von Magdeburg
(1152–1192), schließlich Heinrich der Löwe in Holstein, Mecklenburg
und Pommern waren Bahnbrecher der deutschen Ostsiedlung, die seit dem
12. Jahrhundert mit voller Wucht einsetzte und die Lande jenseits von
Elbe und Saale mit deutschen Siedlern füllte. Selbst außerhalb der eigentlichen Reichsgrenzen und Grenzräume wurden Deutsche angesiedelt, in
Schlesien, das sich seit dem 12. Jahrhundert von Polen zu lösen begann und
in den deutschen politischen Interessenbereich eintrat, in Böhmen und Mähren, vor allem in den Sudetenländern, in Ungarn (Siebenbürgen und Zips)
und Polen selbst. Der Einfall der Tataren um die Mitte des 13. Jahrhunderts
hat ebenfalls die deutsche Ostsiedlung gefördert. Dazu trugen nicht nur die
Verwüstungen der Mongolen bei, sondern auch die Erkenntnis der einheimischen Herren, sich beim Landesausbau der überlegenen deutschen Kultur
zu bedienen.

In den *mittelelbischen Gebieten* setzte die Siedlungsbewegung zu Beginn
des 12. Jahrhunderts ein und erreichte von der zweiten Hälfte dieses Jahrhunderts bis zur Mitte des 13. Jahrhunderts (teils bis zum 14. Jahrhundert)
ihren Höhepunkt. Siedler aus Franken, vom Niederrhein und aus den Nie-
derlanden (Holländer, Seeländer, Flandrer) wurden hier angesiedelt. Der
bäuerlichen Siedlung folgte die städtische. An einflußreichen Städten entstanden in den mittelelbischen Kolonisationsgebieten: *Halle*, die erste Stadt
am Ostufer der Saale, dessen Recht von Magdeburg maßgeblich beeinflußt
war, selbst aber nach dem Osten ausstrahlte (über Neumarkt in Schlesien
und Polen), im Bereiche der Markgrafschaft Meißen selbst, das allerdings
erst seit dem 13. Jahrhundert als Marktstadt genannt wird, *Leipzig*, seit
der 2. Hälfte des 12. Jahrhunderts als Marktsiedlung nachweisbar, bereits
am Ende dieses Jahrhunderts eine der wichtigsten Städte der Markgrafschaft,
ausgezeichnet durch seinen Handel, *Freiberg*, nicht nur hervorragend durch
seinen Silberbergbau, sondern mehr noch durch sein Bergrecht, das weit
nach Osten wanderte (entstanden aus einer Bergmannssiedlung und einer
Kaufmannssiedlung um 1180). Eine hervorragende Stellung nahm an der
Mittelelbe *Magdeburg* ein, die alte Burg an der Elbe, die erstmals in dem
Diedenhofener Kapitular Karls d. Gr. genannt wird, das neben anderen
Magdeburg als Grenzübergang zu den slawischen Landen erwähnt[8]. Otto

---

[8] Monumenta Germaniae Historica, Cap. Reg. Franc. I. Hannover 1883, 123 c. 7.

d. Gr. erhob die Grenzstadt zur kirchlichen Metropole des slawischen Ostens (968). Im 13. Jahrhundert hat die Stadt im Zuge der großen Bewegung zur Stadtgemeinde, die von Westen ausging, die Selbstverwaltung der Bürgerschaft erreicht. Aus Rechtssatzung und Gewohnheit entwickelte sich das magdeburgische Stadtrecht, dessen Einfluß über Elbe und Oder, selbst über die Weichsel hinaus einer der erstaunlichsten Vorgänge der gesamten deutschen Ostkolonisation darstellt. Magdeburg mit seinem Recht ist nach einem Worte *Albert Brackmanns* zum „kulturellen Mittelpunkt für den ganzen Osten" geworden. Die Bedeutung dieses Rechtes werden wir später noch zu betrachten haben.

In der *Mark Brandenburg,* die seit dem 12. Jahrhundert zum Ausgangspunkt einer bedeutenden Staatsgründung, nämlich Preußens, wurde, begann die Kolonisation mit der Übertragung der markgräflichen Gewalt in der sächsischen Nordmark (Altmark) auf den Grafen Albrecht von Ballenstedt aus dem Hause der Askanier (1134). Albrecht der Bär leitete die planmäßige Eroberung der vorgelagerten slawischen Gebiete östlich der Elbe ein, die teils im Slawensturm des Jahres 983 verlorengegangen waren. Die Kolonisationspolitik wurde von seinen Nachfolgern fortgesetzt, so daß Waldemar d. Gr. (1308–1319) seinem unmündigen Vetter Heinrich d. J. von Landsberg ein umfangreiches Gebiet (Altmark, frühere Nordmark, Ukermark, Mittelmark, Neumark, Priegnitz, Lausitz u. a.) hinterlassen konnte. Nach dem Aussterben der Askanier (1320) hatte die Mark Brandenburg verschiedenartige Schicksale, auch Verluste an Gebiet, bis sie 1411 von Kaiser Sigismund dem Burggrafen Friedrich von Nürnberg aus dem Haus Hohenzollern zur Verwaltung übertragen wurde, der 1415 die Kurund Erzkämmererwürde erhielt und 1417 mit der Mark belehnt wurde.

Zur Besiedlung der Mark wurden Kräfte aus dem Vorfeld der Kolonisation, der Altmark, aber auch aus entlegeneren Gebieten herangezogen. In großer Zahl kamen Niederländer zur Ansiedlung. Land stand in großem Umfange zur Verfügung, da die slawische Besiedlung nur dünn gewesen war. Überdies war die slawische Bevölkerung in den Kämpfen gelichtet worden. Die brandenburgische Kolonisation zeichnete sich durch eine besondere Planung aus. Im 13. Jahrhundert erfolgten zahlreiche Städtegründungen: *Spandau* (1232), *Berlin* (urkundlich 1244 erwähnt), *Cölln* (1237 genannt) und das bedeutende *Frankfurt a. d. O.* (wahrscheinlich von Franken besiedelt, 1253).

In *Ostholstein und Mecklenburg* hatte der Slawenaufstand des Jahres 983 die deutsche Herrschaft in der Billunger Mark zusammenbrechen lassen.

Nur mühsam gelang es, das Zerstörte wieder aufzubauen. Unter dem hochstrebenden Erzbischof Adalbert von Bremen (1043–1072) hatte der deutsch-christliche Einfluß wieder über die Elbe nach Osten ausgestrahlt. Aber ein neuer Aufstand der Slawen machte das Erreichte zunichte (1066). Auch hier brachte das beginnende 12. Jahrhundert die Wende. Graf Adolf II. von Schauenburg (1131–1164), mit der gräflichen Würde in Holstein betraut, erwarb Wagrien und ließ durch Boten Siedler aus Flandern und Holland, Friesland und Westfalen ins Land holen. Auch die Holsten und Männer aus Stormarn wurden zur Siedlung herangezogen. Ostholstein wurde eingedeutscht. Bald aber löste ein Mächtigerer den Grafen Adolf von Schauenburg ab, Heinrich der Löwe, der seit 1139 Herzog von Sachsen war. Heinrich gelang es, seine Herrschaft östlich der Elbe bis nach Mecklenburg aufzurichten. 1160 wurde Schwerin gegründet, das seit 1158 Bischofssitz war. Das alteingesessene Fürstengeschlecht behielt die Herrschaft über die Abodriten. Es förderte sowohl die Christianisierung als auch die deutsche Kulturarbeit im Lande. Nunmehr strömten zahlreiche deutsche Siedler ins Land, so daß Helmold, der Pfarrer von Bosau am Plöner See, in seiner Slawenchronik zum Jahre 1171 ausrufen kann: „Das ganze Land der Slawen, beginnend von der Eider, der Grenze des Königreiches Dänemark, in seiner ganzen Ausdehnung zwischen dem baltischen Meere und der Elbe bis nach Schwerin, einstmals durch Gefahren furchtbar und fast verlassen, ist nun mit Gottes Hilfe gleichsam in eine einzige „Kolonie der Sachsen" (Saxonum colonia) verwandelt, in der Ortschaften und Städte emporwachsen, Kirchen in großer Zahl erbaut werden und die Zahl der Priester Christi ständig steigt [9]."

Noch bedeutsamer als die kolonisatorische Tätigkeit in Ostholstein und Mecklenburg wurde die Begründung der Travestadt Lübeck. Die gewaltige Kolonisationsbewegung, die seit dem 12. Jahrhundert einsetzte und Bürger und Bauern, Ritter und Mönche nach dem Osten führte, um dort neuen Siedlungsboden zu gewinnen, zu kultivieren und zu sichern, war von einer machtvollen Ausdehnung des deutschen Handels in die Ostseeländer begleitet. Träger des Handels nach Skandinavien und dem Osten waren zunächst das dänische Schleswig, an der Elbe Magdeburg und Bardowieck. Mit der Begründung Lübecks im Jahre 1143 durch Graf Adolf von Schauenburg und der Neubegründung der Stadt durch Heinrich d. L. im Jahre 1158 wurde ein neues Tor des Handels von Deutschland in die Ostseeländer

---

[9] Helmolds Slawenchronik, hrsg. v. *Bernhard Schmeidler* (Monumenta Germaniae Historica, Scriptores rerum Germanicarum), Hannover 1937, 218.

aufgestoßen. Die neubegründete Travestadt erhielt von Heinrich die freiheitliche Verfassung, die die Städte des Westens wenig vorher im Kampf mit ihren Stadtherrn errungen und zum Vorbild der freiheitlichen Stadtverfassung gemacht hatten. Lübeck wurde zur führenden Handels- und Seestadt des deutschen Ostens und zur Mutterstadt zahlreicher neuer Handelsstädte bis Estland. Den Mittelpunkt des deutschen West-Ost-Handels bildete Wisby auf dem seit dem 10. Jahrhundert Schweden zugehörigen Gotland. Bürger zweier Zungen teilten sich in die Leitung der Stadt, die der wichtigste Platz an der Handelsstraße von Lübeck nach dem Osten war und zum Sitz der „Genossenschaft der Kaufleute des römischen Reiches, welche Gotland besuchen" wurde. Der deutsche Kaufmann drang bis nach Rußland vor und gewann im 12. Jahrhundert in Nowgorod am Ilmensee, dem Zentrum des Pelzhandels, einen wichtigen Stützpunkt. Die Städte Wismar (gegr. vor 1229), Rostock (gegr. 1218), Stralsund (gegr. 1209, 1234 lüb. Recht), Greifswald (gegr. 1241/48, 1250 lüb. Recht), Stettin (gegr. 1237/43), Danzig (gegr. um 1225), Thorn (gegr. 1233), Elbing (1237 Ordensburg, 1246 lüb. Stadtrecht), Kulm (gegr. 1233), Königsberg (gegr. 1255), Memel (ursprünglich Neudortmund, gegr. 1253, lüb. Stadtrecht 1254), Riga (gegr. 1201) und Reval (1219 dänische Gründung, seit 1346 dem Deutschen Orden gehörig), größtenteils deutsche Gründungen und häufig mit lübischem Stadtrecht bewidmet, waren Marksteine auf dem Wege nach dem Osten, in dem seit 1231 der Deutsche Orden zu seiner großartigen Staatsgründung ansetzte. Der Orden hat sich bei seinen Städtegründungen häufig der Hilfe Lübecks bedient.

Die Landbrücke zu den Ordenslanden bildete *Pommern*. Dessen westlicher Teil, das sog. Herzogtum Slawien, mit Kolberg, später Stettin als Hauptburg, wurde unter Friedrich I. Barbarossa 1181 deutsches Lehn. Vorher schon hatte Kaiser Lothar und nach ihm Heinrich d. L. die deutsche Oberhoheit geltend gemacht. Nunmehr faßte auch das Christentum festen Fuß. Ein Bistum, erst in Wollin, später in Kammin, wurde gegründet (1140). Im östlichen Pommern (Pommerellen) erwies sich Herzog Swantopolk (1220 bis 1266) in der 1. Hälfte des 13. Jahrhunderts als Förderer des Deutschtums.

In diesen Gebieten hat der deutsche Einfluß nochmals einen starken Rückschlag hinnehmen müssen. Der Sturz Heinrichs d. L. ließ dessen Ostseeherrschaft und damit weitgehend den deutschen Einfluß nach Osten zusammenbrechen. Zwar hat das Reich versucht, das Vorhandene zu bewahren. Friedrich I. griff in die Ostseepolitik ein, indem er die Freiheiten der Stadt Lübeck bestätigte und die Lehnshuldigung des westpommerischen

Herzogs entgegennahm (1181/88). Doch im Ringen mit der emporsteigenden dänischen Machtstellung im Ostseeraum unterlag das Reich zunächst. Dänemark erstreckte seine Herrschaft von Holstein nach Mecklenburg, Pommern mit Besitzungen an der preußischen Küste und auf Ösel bis nach Estland. Waldemar II. von Dänemark erlangte sogar 1214 die Anerkennung seiner Erwerbungen durch Friedrich II. Dann aber trat ein Umschwung ein. Als der König in die Gefangenschaft des Grafen von Schwerin geriet (1223) und nach seiner Freilassung von seinen Gegnern, darunter Lübeck, in der Schlacht bei Bornhöved geschlagen wurde (1227), mußte er auf seine Erwerbungen im Ostseegebiet mit Ausnahme von Rügen und Estland verzichten. Holstein, Mecklenburg und Pommern kamen an Deutschland zurück. Estland wurde später vom deutschen Orden erworben (1346).

Die deutsche Siedlungsbewegung ist in Pommern und Pommerellen erst im Verlauf des 12. bzw. 13. Jahrhunderts lebhafter in Gang gekommen. Die einheimischen Fürsten haben selbst Siedler ins Land gerufen. Auch ritterliche Siedler kamen ins Land, so daß neben der bäuerlichen Siedlung Rittergüter entstanden. Der weitere Vorstoß der deutschen Siedlung nach Osten ist mit der Geschichte des Deutschen Ordens verbunden. Nach einem mißglückten Kreuzzugsunternehmen gegen die heidnischen Preußen bat der polnische Herzog Konrad von Masovien den Orden um Hilfe. Der Hochmeister Hermann von Salza übernahm diese Aufgabe und ließ sich von Friedrich II. die Landesherrschaft in den noch zu erwerbenden Gebieten zusichern (1226). Nachdem Konrad von Masovien das Kulmerland dem Orden übertragen hatte (1230), begann im Jahre 1231 unter dem Landmeister Hermann Balk der Kampf des Ordens um Preußen, in dem ein neuartiges Staatswesen entstand. Schwere und harte Kämpfe waren erforderlich. Im Jahre 1309 siedelte die Ordensleitung von Venedig in die Marienburg über, die, als gewaltiger Prachtbau an der Nogat errichtet, erst 1398 vollendet wurde. Unter dem Hochmeister Winrich von Kniprode (1351–1382) erlebte der Orden seine Glanzzeit. In der sich daran anschließenden Blütezeit erstreckte sich das Ordensgebiet von Pommerellen, das der Orden im Wettbewerb mit Brandenburg und Polen 1309 erwarb (Polen leistete im Frieden von Kalisch 1343 Verzicht auf Pommerellen), bis Estland (1346 erworben) über die Länder entlang der Ostsee. Es umschloß das eigentliche Preußen zwischen Weichsel und Memel, Samogitien, Kurland mit Semgallen und Livland. Selbst die vorgelagerte Insel Gotland fiel an den Orden (1398). Das Ordensland bildete die Landbrücke zum Baltikum.

Die *Siedlung im Ordensgebiet* wurde planmäßig betrieben. Die Leitung lag in der Hand des Ordens. Der Landesverwaltung dienten die Komtureien. In den kampferfüllten Zeiten waren in erster Linie Burgen und Städte angelegt worden. Die Stadtsiedlung war mit der Landsiedlung verkoppelt, d. h. die Städte hatten Landbesitz. Auch Rittergüter entstanden im größeren Umfang. Der militärische Charakter der Siedlung prägt sich hier aus. Erst seitdem der Orden Herr im Lande war (gegen Ende des 13. Jahrhunderts), und die Kämpfe nachließen, wurde die bäuerliche Siedlung in größerem Umfange betrieben. In den Grenzgebieten paßte sich die Siedlung den militärischen Erfordernissen an. Von den zahlreichen Städten, die im Ordensland entstanden, wurden bereits einige erwähnt. Zu erwähnen ist noch Kulm, bekannt durch das kulmische Recht, das kein eigentliches Stadtrecht, sondern ein Grundgesetz des Hochmeisters, ursprünglich für die Städte Kulm und Thorn, später für das gesamte Ordensgebiet gültig, darstellte. In den baltischen Ländern (Livland und Estland) überwogen die städtische Kolonisation und die adlige Grundherrschaft die geschlossene bäuerliche Siedlung. Das Deutschtum bildete hier eine Oberschicht. Die Entfernung vom Mutterlande und die Gefahren der Grenzlage gegenüber den unbekannten Völkern mögen hier den deutschen Siedlerstrom abgehalten haben. An städtischen Siedlungen traten hier Riga (1201) und Reval (1230) hervor.

Die *Landschaft Schlesien,* in früher Zeit der Sitz germanischer Völker (Silingen Stamm der Vandalen), trat erst in der Zeit der sächsischen Herrscher in den politischen Gesichtskreis der Deutschen. Seit dem 6. Jahrhundert war das Land slawisch besiedelt. Polen und Böhmen stritten um seinen Besitz. Polen behauptete sich im Besitz des Landes. Innere Streitigkeiten führten zum Eingreifen Konrads III. und Friedrich Barbarossas, der einen Feldzug gegen Polen unternahm (1157). Seitdem nahm Schlesien unter dem Hause der schlesischen Piasten eine selbständige Stellung gegenüber Polen ein (seit 1163). Das Land neigte deutschem Einfluß zu. Bahnbrechend wirkte Herzog Heinrich I. (1202–1238), der Gatte der hl. Hedwig († 1243), einer Tochter des Grafen von Meranien und Verwandten der hl. Elisabeth. Sein Nachfolger Heinrich II. fiel im Kampfe gegen die Mongolen in der Schlacht bei Liegnitz (1241). In seinem Heere kämpften deutsche Ritter. In der Folge wurde das Land unter viel innerem Streit in der fürstlichen Familie aufgeteilt, bis es im 14. Jahrhundert als böhmisches Lehen zusammengefaßt und dadurch in staatsrechtlichem Sinne dem Deutschen Reiche einverleibt wurde (1327/36). Polen verzichtete endgültig auf Schlesien (1335), das um die Mitte des Jahrhunderts der Krone Böhmens angegliedert wurde (1348/55). Damit gehörte Schlesien endgültig zum deutschen Reiche.

Die Lösung von Polen und Hinwendung zum Deutschen Reiche im 12. Jahrhundert ließ auch den deutschen Einfluß zunehmen. Im 13. Jahrhundert setzte die kolonisatorische Arbeit von den Landesherren, aber auch der Kirche gefördert in vollem Umfange ein. Siedler verschiedener deutscher Stämme strömten in Schlesien ein: Franken, Süddeutsche, Siedler aus den meißnischen Landen, vor allem Niederländer. Auch die Anfänge der Stadt mit bürgerlicher Verfassung sind deutscher Herkunft: die Bergstädte Goldberg und Löwenberg (1217), mit magdeburgischem Recht begabt, Neumarkt (ursprünglich Schroda, als Marktort 1214), empfing eine Rechtsmitteilung von Halle (1235), Breslau, dessen Verfassung mit der Rechtsmitteilung von Magdeburg zum Abschluß kam (1261). Slawische Bevölkerung wurde nach deutscher Siedlungsweise umgesetzt.

Das *Versiegen der Ostkolonisation* am Ende des Mittelalters ist weniger auf einen Rückgang der Bevölkerung des Altreiches zurückzuführen, obwohl seit dem 14. Jahrhundert die Pest der Bevölkerung Deutschlands schwere Verluste zufügte. Entscheidend war vielmehr die grundlegende Veränderung der politischen Lage in den Ostgebieten zu Beginn des 15. Jahrhunderts. Litauen, das nach erfolgversprechenden Anfängen im 13. Jahrhundert der christlichen Bekehrung in der weiteren Entwicklung widerstand, erschloß sich unter dem Großfürsten Wladislaw II. Jagiello (1377–1434) dem Christentum. Durch Heirat erwarb Jagiello die Krone Polens. Nunmehr ging das vereinigte Polen-Litauen zum Doppelangriff auf den Deutschen Orden über, der in der Schlacht bei Tannenberg am 15. Juli 1410 unterlag. Zwar konnte der Hochmeister Heinrich von Plauen (1410–1414) den Ordensstaat noch retten (1. Thorner Frieden von 1411). Doch die innere Kraft des einstmals so machtvollen Ordensstaates, der die Kolonisation im Nordosten betrieben hatte, war gebrochen. Der 2. Thorner Frieden von 1466 brachte den Zusammenbruch des Ordensstaates, der den größten Teil seines Gebietes verlor und überdies in polnische Lehnsabhängigkeit geriet. Die Zeit des Rittertums und der Ritterorden war vorüber. Mit der Christianisierung Litauens hatte der Orden zudem eine wichtige Aufgabe verloren, die er selbst nicht hatte lösen können.

Mit dem Zusammenbruch des Deutschordensstaates geriet der Nordostpfeiler der deutschen Ostbewegung ins Wanken, während im Südosten die national-böhmische Bewegung sich in den Hussitenaufständen gegen das Deutschtum wandte und diesem schwere Schäden zufügte. Die Erfolge der deutschen Siedlung, die seit dem 13. Jahrhundert in voller Kraft einsetzte, wurden in Frage gestellt, und der deutsche Einfluß vor allem in den Städten entscheidend zurückgedrängt. Die wilden Scharen der Hussiten drangen sogar sengend und brennend über die deutsche Grenze. Das Deutschtum sah sich mithin am Ende des Mittelalters auf einer breiten Frontlinie im Osten einem national-slawischen Rückstoß ausgesetzt. Dies bedeutete allerdings nicht den endgültigen Verlust der deutschbesiedelten Gebiete des Ostens. Diese bargen vielmehr noch wertvolle Kräfte für die Zukunft. Zwei Kurwürden ruhten im Osten des Reiches: die brandenburgische und die böhmische. Von Brandenburg-Preußen und der habsburgischen Monarchie, die 1526 Böhmen erwarb, ist schließlich die entscheidende Gestaltung des Ostraumes in der Neuzeit ausgegangen, bis das 20. Jahrhundert das in Jahrhunderten Erkämpfte und Erworbene in Frage stellte.

III. Das deutsche Recht bei der Ostkolonisation

Fassen wir das Ergebnis unserer Betrachtung zusammen, so läßt sich sagen, daß alle Stämme des deutschen Volkes an der Ostkolonisation teilgenommen haben, voran die Niederländer aus Holland und Flandern. Aber auch die Friesen, Sachsen und Franken (Rhein- und Mainfranken) haben sich an der Siedlungsbewegung beteiligt, weniger jedoch die Hessen und Thüringer. Die Bayern und Schwaben haben dagegen im Südosten kolonisiert. Selbst Nachkommen früherer Kolonisatoren im mitteldeutschen Gebiet sind weiter östlich gewandert und haben Schlesien und Preußen mitbesiedelt. Die Folge der großen Kolonisationsbewegung war, daß das Land bis zur Oder eingedeutscht wurde. Nur in der Lausitz erhielten sich slawische Reste. Auch in Pommern und Schlesien bildete sich eine geschlossene deutsche Mehrheit. Nicht einheitlich war dagegen die Bevölkerung in Posen, West- und Ostpreußen, wo sich allenthalben ein stärkerer Anteil der älteren Bevölkerung behauptete.

Auch alle Schichten des deutschen Volkes haben ihre Kräfte zur Verfügung gestellt: Bürger und Bauern, Ritter und Geistlichkeit, vor allem die Orden der Zisterzienser und Prämonstratenser. Die klösterliche Kulturarbeit ist teils der großen Siedlungsbewegung vorausgeeilt, teils hat sie diese begleitet. In engster Verbindung mit der Ostkolonisation stand die Ausdehnung des deutschen Handels nach dem Osten, in die Ostseeländer und bis nach Rußland hin. Hier hat das Bürgertum der west- und niederdeutschen Städte Entscheidendes geleistet. Das in den Kämpfen mit den Stadtherren in den westdeutschen Städten schon früh errungene freiheitliche

deutsche Stadtrecht wanderte mit den deutschen Städtegründungen nach
dem Osten. Träger dieses auf genossenschaftlicher Grundlage und auf dem
Grundsatz der Freiheit des Bürgers ruhenden deutschen Stadtrechtes waren
die deutschen Kaufleute und Kaufleutegenossenschaften, über deren Wirk-
samkeit im Ostseegebiet schon frühzeitig die Kaufleute von Wisby auf
Gotland Zeugnis geben. Zahlreiche Städte mit deutscher Stadtverfassung
und deutschem Stadtrecht entstanden, selbst außerhalb des eigentlichen
Reichsgebietes.

Die Ostkolonisation ging meist ohne Gewalt und in friedlicher Weise
vor sich. Für die Landnahme der Deutschen im Osten insgesamt gilt das
Wort *Hermann Heimpels,* das in erster Linie auf die deutsche Siedlung in
Böhmen zugeschnitten ist: „Wie auch sonst im Osten setzten sich diese
Deutschen nicht auf die Fluren vertriebener oder entrechteter Slawen, sondern auf Neuland oder verödete Siedlungen, deren Auffüllung gerade
Ottokar II. von Böhmen (1253–1278) als Grund für das Berufen von
Deutschen angibt [10]." Die einheimische Bevölkerung wurde nicht allenthalben ausgerottet oder verdrängt. Reste slawischer Bevölkerung erhielten
sich und lebten nach ihrem eigenen Recht und pflegten ihre eigene Kultur
und Sprache. Zwar mag der Überdruck der Bevölkerung, der seit dem
12. Jahrhundert auch zur bäuerlichen Abwanderung in die aufstrebenden
Städte des Altreichs führte, auch beim Zuge nach dem Osten bestimmend
gewesen sein; aber die nach Osten ziehenden Bauern und Bürger sowie die
Adligen kamen nicht immer nur als Habenichtse ins Land. Sie brachten
auch Geld und Gut, vor allem eine der slawischen überlegene Kultur mit.
Der deutsche Bauer führte den schweren Räderpflug. Technik und Organisation der deutschen Landwirtschaft waren der slawischen überlegen. Söhne
reicher deutscher Kaufleute zogen in den Osten, um dort neue Geschäftsver-
bindungen für das väterliche Unternehmen anzuknüpfen oder eine Zweig-
niederlassung oder gar ein neues Unternehmen zu begründen. Nachkommen adliger Geschlechter Altdeutschlands haben im neubesiedelten Gebiet
ihre Wehrkraft nutzbar gemacht, nicht einmal immer im Interesse des neu-
angesiedelten Deutschtums, sondern auch im Dienste fremder Herren.

Häufig riefen fremde einheimische Herren die Siedler in das Land mit
dem Ziele, ihr Land zu bevölkern und den Ausbau zu fördern (z. B. in
Mecklenburg, Pommern, Schlesien, Polen, Ungarn und Böhmen). Aber auch
deutsche Herren, wie Adolf II. von Schauenburg, Heinrich der Löwe und

---

[10] *Hermann Heimpel,* Die Gewinnung des deutschen Ostens, Handbuch der Deutschen
Geschichte hrsg. von *Arnold Oskar Meyer,* 1. Bd. Potsdam o. J. 268.

Albrecht der Bär, haben die deutschen Siedler herbeigerufen. Die Ansiedlung erfolgte in der Weise, daß der Siedler die persönliche Freiheit erhielt. Das reichlich vorhandene Siedlungsland wurde dem Siedler zu Eigentum oder Erbzinsrecht (freie Erbleihe) überlassen, Auch da, wo der Siedler kein Eigentum erhielt, hatte er eine eigentumsähnliche Rechtsstellung. Die Leistungen des angesiedelten Bauern waren vertraglich bestimmt und festgelegt. Der Bauer war daher persönlich frei, sein Recht ein freies Recht. Ursprünglich hat der Grundherr selbst mit den Siedlern verhandelt und den Vertrag geschlossen. Doch später bediente er sich meist eines Mittelsmannes, des Lokators (Besetzers) oder Siedelmeisters, der die Ansiedlungswilligen warb und die Siedlung leitete. Der Lokator verfügte über Kenntnisse und meist auch über Geld und Gut, um die Leitung der Siedlung übernehmen zu können. Er schloß mit dem Grundherrn einen Vertrag, in dem die Bedingungen der Ansiedlung festgelegt wurden. In seiner Hand lag die Landzuweisung an die einzelnen Siedler und die Anlage des Siedlungsortes. Für seine Tätigkeit erhielt er ein größeres Gut, das mit gewissen Vorrechten verbunden war, Gericht, Krug (Kretscham), Bannrechte (z. B. Mühlenbann), Anteil am Zins der Bauern. Das Siedlerdorf bildete zugleich kirchlich eine Einheit mit Pfarrer und Kirche. Dieses Siedlerrecht der deutschen Bauern wurde schlechthin zum „*deutschen Recht*" (ius teutonicum) und konnte schließlich auch nichtdeutschen Siedlern verliehen werden, deren Rechtsstellung allerdings nicht immer so günstig wie die der deutschen Siedler war. Es wurde sogar zum begehrten Recht der eingesessenen Bevölkerung und dieser nicht nur häufig bei der Neugründung von Dörfern zugebilligt, sondern auch für schon bestehende Siedlungen gewährt. Neben dieser Bauernsiedlung findet sich im Gebiet der Ostkolonisation auch die Grundherrensiedlung mit einheimischen bäuerlichen Arbeitskräften. Bei den Stadtgründungen im Kolonisationsgebiet entstanden häufig Ackerbaustädte, die über eine Ackerflur, Wald, Weide, Fischerei und Jagd verfügten, um ihre Ernährungsgrundlage sicherzustellen. Dabei waren zuweilen, wie beim Deutschen Orden, militärische Gesichtspunkte entscheidend. Die Fernhandelsstädte, vor allem im Küstengebiet, konnten auf diese Verbindung bäuerlicher und städtischer Siedlungen verzichten.

Die *Verbreitung des deutschen Stadtrechtes im Osten* beruht auf dem Vorgang der Verleihung des Stadtrechtes einer Mutterrechtsstadt an eine Stadt oder mehrere Städte (Tochterrechtsstädte) (sog. Bewidmung). Dadurch konnten ganze Stadtrechtsfamilien entstehen, in denen die Mutterstadt für die Rechtsentwicklung in den Tochterstädten richtunggebend wurde. Meist wurde die Mutterstadt zum Oberhof, an den der Rechtszug vom Gericht der Tochterstädte ging. Gericht oder Rat der Mutterstadt entschieden die an sie gebrachten Rechtsfälle oder erteilten Rechtsweisungen. Bedeutende Mutterrechtsstädte im Osten waren *Magdeburg und Lübeck*. Das Recht dieser Städte hat sich mit der deutschen Siedlung nach Osten hin ausgedehnt. Es hat sogar den deutschen Siedlungsboden überschritten und ist tief in den slawischen Osten vorgedrungen. Die äußerste östliche Grenze erreichte es in Narwa, Nowgorod, Smolensk, Tschernikow und Poltawa. Das magdeburgische Recht verbreitete sich vor allem über Brandenburg, die Lausitz, Schlesien, Polen, Litauen und Rußland (einschließlich der Ukraine). Sein Verbreitungsgebiet liegt vor allem im Binnenlande. Das lübische Recht breitete sich dagegen an der Küste der Ostsee und im Küstengebiet aus. Träger der Ausbreitung lübischen Stadtrechtes waren der lübische Kaufmann und der ausgedehnte Handel der Stadt. Beide Städte waren bedeutende Oberhöfe. Zahlreiche Tochterstädte Magdeburgs wurden wieder zu Oberhöfen in einem engeren Gebiete, wie Brandenburg, Breslau, Neumarkt, Krakau, Lemberg, Olmütz, Leitmeritz, Kulm, Leipzig, Halle und Stendal. Auch das Recht Hamburgs hat sich nach Osten verbreitet (Riga zu Beginn des 13. Jahrhunderts. Von dort Verbreitung in Livland und Estland). Dortmund hat sein Recht nach Memel übertragen (Neu-Dortmund). Doch die Stadt ging später zum lübischen Recht über. Im südöstlichen Kolonisationsgebiet, vor allem in Böhmen, Mähren und Ungarn, verbreitete sich das Stadtrecht von Nürnberg und Wien.

Von nicht geringerer Bedeutung aber wurde die *Verbreitung des deutschen Bergrechtes* nach dem Osten. Im Verlaufe des 12. Jahrhunderts nahmen Bergleute vom Harz aus, wo Goslar schon seit dem 10. Jahrhundert Schwerpunkt des Silberbergbaues bildete, ihren Weg zum Erzgebirge. Freiberg in Meißen wurde hier zum Mittelpunkt des Silberbergbaues (1175). Es entstand aus einer Bergmannssiedlung und einer Kaufleutesiedlung, die Ende des 13. Jahrhunderts miteinander verschmolzen. Das Bergrecht von Iglau in Mähren beruht auf dem Freiberger Bergrecht, das aber auch in der Kulmer Handfeste von 1233 bezogen wurde. Das Iglauer Bergrecht verbreitete sich über Böhmen, Mähren und Ungarn (hier vor allem das Bergrecht von Kuttenberg). Auch beim Freiberger und Iglauer Bergrecht gab die freiheitliche Gestaltung der Rechtsordnung das eigentliche Motiv zu seiner Verbreitung.

Schließlich sind auch die *bedeutendsten deutschen Rechtsbücher, der Sachsenspiegel und der Schwabenspiegel,* nach dem Osten gewandert und haben sogar die Grenze deutscher Siedlung und Kolonisation überschritten. Der Sachsenspiegel hat nicht nur das Recht der baltischen Gebiete nachhaltig beeinflußt und auch in Schlesien eine unmittelbare Wirkung ausgeübt, er ist auch für den Gebrauch in den östlichen Ländern seit dem 13. Jahrhundert ins Lateinische übersetzt worden und hat in dieser Fassung in Polen Bedeutung gewonnen. Noch im Jahre 1535 wurde der Sachsenspiegel auf Befehl des Königs von Polen ins Lateinische übertragen. In einer Sammlung kleinrussischer Rechtsquellen aus dem 18. Jahrhundert, die auf Anordnung der Kaiserin Elisabeth angelegt wurde, befand sich auch eine Übersetzung des Sachsenspiegels. Der Schwabenspiegel fand dagegen – der Richtung der süddeutschen Kolonisation entsprechend – eine Verbreitung im Südosten, vor allem bei den deutschen Siedlern Siebenbürgens.

Fragt man nun nach den Gründen der Verbreitung des deutschen Rechtes nach dem Osten innerhalb des deutschen Kolonisationsgebietes und darüber hinaus, so läßt sich sagen, daß es zwei Grundgedanken des deutschen Rechts sind, die ihm einen Vorzug gaben, daß es eine so bedeutende Rolle bei der Ostkolonisation im Mittelalter spielen konnte: Es sind die Gedanken der Freiheit und des genossenschaftlichen und ständischen Zusammenschlusses. Das eine bedingt das andere. Beide zusammen aber gaben dem deutschen Recht eine Überlegenheit, die sich wesentlich im Wirtschaftlichen auswirkte. Damit aber wurde das deutsche Recht zu einem Aufbaufaktor des Siedlungsgebietes, wie es neuerdings *Wilhelm Weizsäcker* überzeugend gezeigt hat.

In der *bäuerlichen Siedlung* war die Ansetzung zu freiem Recht (Eigentum oder freie Leihe) schon vor der Ostkolonisation bekannt. Sie wurde vor allem bei der Innenkolonisation verwendet und hat schon beim Landesausbau, der sich in Sachsen und Thüringen unter den Saliern vollzog, eine bedeutende Rolle gespielt. Man bezeichnet die darauf gegründete bäuerliche Freiheit in der neueren Forschung als Rodungsfreiheit. Entscheidend für die Ostsiedlung aber wurde die Form, in der die freie Erbleihe im Jahre 1106 vom Erzbischof von Bremen bei der Besiedlung von Bruchland durch holländische Siedler angewandt wurde[11]. Es ist mit Recht darauf hingewiesen worden, daß die Überlegenheit der deutschen Siedler nicht nur auf der von ihnen mitgebrachten höher entwickelten Ackerbaukultur (eiserner Räderpflug im Gegensatz zum slawischen Hakenpflug, Hufeneinteilung im Gegensatz zum slawischen Pflugland [Blockflur], geringere Parzellierung

---

[11] Vgl. jetzt den Vertrag bei *G. Franz*, Deutsches Bauerntum I, 87.

und Dreifelderwirtschaft im Gegensatz zur slawischen Zersplitterung des
Besitzes und Feldgraswirtschaft), sondern auch auf der Verfassung des Dor-
fes beruht habe, der die Freiheit der Siedler, Eigentum oder ein vererbliches
und veräußerliches dingliches Recht der Nutzung, feste Zinsleistungen für
das überlassene Gut, genossenschaftliche Verwaltung und ein eigenes Gericht
die bestimmende Note gaben. Diese Siedlung war frei von grundherrlichem
Zwang, und es gab keinen Fronhof und keine persönliche Abhängigkeit.
Die genossenschaftliche Grundlage der dörflichen Siedlungsgemeinschaft
bestand in der rechtlich gesicherten Mitwirkung des Einzelnen bei den
Lebensentscheidungen der Gemeinschaft, in der Mitverwaltung und der Mitwirkung beim Gericht, selbst wenn ein gemeinschaftliches Eigentum nicht
vorhanden war. Der meist größere adlige Grundbesitz neigte dagegen dazu,
die Form der Gutsherrschaft anzunehmen, bei der das Land mit einheimischen Kräften in Eigenwirtschaft bearbeitet wurde. Die Entstehung der
ostdeutschen Leibeigenschaft, die die Bauergesetzgebung des 18. und 19. Jahrhunderts stark beschäftigte, ist eine Erscheinung der Neuzeit und hat die
rechtlichen Verhältnisse der mittelalterlichen bäuerlichen Siedlung nicht zur
Voraussetzung [11a].

Die gleichen Grundgedanken finden wir bei dem nach dem Osten wandernden deutschen *Stadtrecht*. Seitdem die neueren stadtrechtsgeschichtlichen
Forschungen die Grundlagen der mittelalterlichen Stadt, der „Stadt im
Rechtssinne", aufgedeckt haben, ist der Vorgang der Ausdehnung des deutschen Stadtrechtes nach dem Osten in vielem verständlicher geworden. Auch
hier war es der genossenschaftliche Geist der Kaufleute und Bürger, der in
den Städten Altdeutschlands zum Freiheitskampf der Städte gegen ihre
Stadtherren geführt hatte, um schließlich an die Stelle der stadtherrlichen
Verfassung, die auf dem Willen des Stadtherrn beruhte, die genossenschaftliche Verfassung treten zu lassen, deren Grundlage der Freiheitswille des
selbständig gewordenen Bürgertums der Städte war. Aus der Kaufmanns-
genossenschaft war der genossenschaftliche Geist in die Bürgerschaft über-
geströmt, hatte in dieser zur Bildung von Eidgenossenschaften und schließlich zur Entstehung der bürgerlichen Stadtgemeinde mit dem Stadtrat als
oberster Verwaltungsspitze geführt. Selbstverwaltung der Bürger und Freiheit des Einzelnen blieben die Grundsätze dieser städtischen Gemeinwesen,

---

[11a] Die Entstehung der nordostdeutschen Gutsherrschaft der Neuzeit und ihre Grundlagen zeigt neuerdings *Walter Kuhn,* Geschichte der Deutschen Ostsiedlung in der Neuzeit, 1. Bd. Köln–Graz 1955, 142.

deren freiheitlicher Geist sich schon seit dem 12. Jahrhundert in dem Satz ausprägt „Stadtluft macht frei" [12].

Auch beim *deutschen Bergrecht* waren die Freiheit und die Form des genossenschaftlichen Abbaues in der Gestalt der Gewerkschaft die wesentlichen Antriebe zur Verbreitung. Nicht nur die technische Fortschrittlichkeit verlieh dem deutschen Bergbau eine Überlegenheit im Kolonisationsgebiet, sondern auch die Rechtsform des Unternehmens (Gewerkschaft, Lehnschaften) und des Abbaues, die Freiheit des Bergmanns von grundherrlicher Gewalt, damit verbunden seine Freizügigkeit. Auch hier förderte die Rechtsform die wirtschaftliche Entwicklung. Es bildete sich „eine zusammengehörige Einheit von wertbezogenen Grundlagen mit technischen, wirtschaftlichen und rechtlichen Elementen" *(Wilhelm Weizsäcker).*

Schließlich lag auch der *Verbreitung der Rechtsbücher* des Sachsenspiegels und des Schwabenspiegels in nicht geringem Umfange der freiheitliche Zug zugrunde, der diese Rechtsbücher durchweht. Hatte doch Eike von Repkow in seinem Sachsenspiegel die Freiheit aller Menschen anerkannt und die Unfreiheit als Folge unrechtmäßiger Gewalt bezeichnet (Landrecht III. 42 §§ 1–6). Vom Sachsenspiegel haben zahlreiche deutsche Rechtsbücher, auch der Schwabenspiegel, diesen Grundsatz übernommen [13]. In einem Privileg für die Deutschen in Prag aus der zweiten Hälfte des 11. Jahrhunderts heißt es: „Wisset, daß die Deutschen freie Leute sind" [14]. Die ständische Schichtung, wie sie das nach dem Osten wandernde deutsche Recht und die Rechtsbücher ebenfalls zeigten, die dem einzelnen Stand besondere Rechte und Pflichten zuwies, förderte den kolonisatorischen Ausbau in Stadt und Land, indem sie den verschiedenartigen Bedürfnissen und Anforderungen Rechnung trug. Adlige und Geistliche, Bürger, Kaufleute und Handwerker, Bergleute und Bauern, alle hatten ihre Rechte und Pflichten, die ihren Einsatz für die besonderen Aufgaben im Siedlungsgebiet ermöglichten und erleichterten. Die ständische Freiheit wurde zur sicheren Grundlage des ganzen

---

[12] Vgl. die Zusammenstellung der Ergebnisse der neuesten Forschung und des einschlägigen Schrifttums bei *H. Conrad,* Deutsche Rechtsgeschichte I, 440, 463. Nach den neuerlichen Untersuchungen von *Walter Schlesinger,* Die Anfänge der Stadt Chemnitz und anderer mitteldeutscher Städte. Untersuchungen über Königtum und Städte während des 12. Jahrhunderts, Weimar 1952, zeigen die mitteldeutschen Städtegründungen ein Übergewicht des Stadtherrn und den Übergang von der „gewordenen" zur „gegründeten" Stadt. Damit aber wird die freiheitliche Stadtverfassung keineswegs in Frage gestellt.

[13] Vgl. *Hans von Voltelini,* Der Gedanke der allgemeinen Freiheit in den deutschen Rechtsbüchern, Zeitschrift der Savigny-Stiftung für Rechtsgeschichte, Germanistische Abteilung 57, 1937, 182.

[14] Hierzu neuestens *W. Weizsäcker,* Geschichte des Rechts in Böhmen und Mähren 134.

kolonisatorischen Werkes. Demgegenüber wies die slawische Sozialordnung eine geringe ständische Verschiedenartigkeit auf. Sie gab der Masse der wirtschaftenden Bevölkerung zu wenig Freiheit der eigenen Entschließung.

So wurden der Gedanke der Freiheit des Einzelnen und genossenschaftlicher und ständischer Geist zu tragenden Elementen für die Ausbreitung des deutschen Rechtes im Kolonisationsgebiet des Ostens, obwohl die Freiheit des Einzelnen in Altdeutschland noch nicht voll verwirklicht war. Diese Grundgedanken des deutschen Rechtes förderten die Ostsiedlung, ermöglichten sie sogar erst oder wurden zu Antrieben der Siedlungsbewegung. Dadurch aber wurde das deutsche Recht zu einem wirklichen Aufbauelement der mittelalterlichen deutschen Ostsiedlung.

IV. Schrifttum

a. Ostkolonisation:

Aubin, Hermann, Wirtschaftsgeschichtliche Bemerkungen zur ostdeutschen Kolonisation. Aus Sozial- und Wirtschaftsgeschichte, Gedächtnisschrift f. *G. von Below,* Stuttgart 1928, 169.

Ders., Der deutsche Osten bis zum Ende des Ordensstaates, Der deutsche Osten, seine Geschichte, sein Wesen und seine Aufgabe, hrsg. von *K. C. Thalheim* u. *A. H. Ziegfeld,* Berlin 1936, 335.

Ders., Zur Erforschung der deutschen Ostbewegung, Leipzig 1939.

Ders., Deutschland und der Osten, Zeitschr. f. d. ges. Staatswissenschaft 100, 1940, 385.

Ders., Geschichtlicher Aufriß des Ostraumes, Berlin 1940.

Ders., Die geschichtlichen Kräfte für den Neuaufbau im mitteldeutschen Osten, Berlin 1940.

Ders., Schlesien als Ausfalltor deutscher Kultur nach dem Osten im Mittelalter, Breslau 1942[2].

Ders., (Hrsg.), Der deutsche Osten und das Abendland. Eine Aufsatzreihe, München 1953.

Beumann, Helmut, Kreuzzugsgedanke und Ostpolitik im hohen Mittelalter, Historisches Jahrbuch 72, 1953, 112.

Brüske, Wolfgang, Untersuchungen zur Geschichte des Liutizenbundes (Mitteldeutsche Forschungen 3), Münster, Köln 1955.

Aubin, H., Brunner, O., Kohte, W., Papritz, J., (Hrsg.) Deutsche Ostforschung. Ergebnisse und Aufgaben seit dem 1. Weltkrieg. 2 Bde., Leipzig 1942/43, hierzu *Jordan, K.,* Deutsches Archiv 6, 1943, 602; 7, 1944, 357.

Gause, Fritz, Deutsch-slawische Schicksalsgemeinschaft, Kitzingen 1952.

Grünhagen, C., Geschichte Schlesiens, 2 Bde. Gotha 1884/86.

Hampe, Karl, Der Zug nach dem Osten. Die kolonisatorische Großtat des deutschen Volkes im Mittelalter, Leipzig u. Berlin 1939[5].

Heimpel, Hermann, Die Gewinnung des deutschen Ostens, Handbuch d. deutschen Geschichte, hrsg. von *A. O. Meyer,* Bd. 1, Potsdam o. J. 265.

Jaster, Arno, Die Geschichte der askanischen Kolonisation in Brandenburg, Breslau 1934.

Kasiske, Karl, Das Wesen der ostdeutschen Kolonisation, Historische Zeitschr. 164, 1941, 285.

Ders., Die Siedlungstätigkeit des Deutschen Ordens im östlichen Preußen bis zum Jahre 1410, Königsberg 1934.

Klebel, Ernst, Siedlungsgeschichte des deutschen Südostens, München 1940.

Kötzschke, Rudolf, Staat und Kultur im Zeitalter der ostdeutschen Kolonisation, Leipzig 1910.

Ders. und *Ebert, Wolfgang,* Geschichte der ostdeutschen Kolonisation, Leipzig 1937.

Walter Kuhn, Geschichte der deutschen Ostsiedlung in der Neuzeit, 1. Bd. Köln-Graz 1955.

Mühlen, von zur, Heinz, Kolonisation und Gutsherrschaft in Ostdeutschland, in Geschichtliche Landeskunde und Universalgeschichte, Festgabe für *Hermann Aubin,* Hamburg 1950, 83.

Preidel, Helmut (Hrsg.), Die Deutschen in Böhmen und Mähren, Gräfelfing bei München 1950.

Quirin, Karl Heinz, Die deutsche Ostsiedlung im Mittelalter, Göttingen, Frankfurt, Berlin 1954.

Wittram, Reinhard, Geschichte der baltischen Deutschen, Stuttgart 1939.

Weizsäcker, Wilhelm, Geschichte der Deutschen in Böhmen und Mähren, Hamburg 1950.

Quellen:

Kötzschke, Rudolf, Quellen zur Geschichte der ostdeutschen Kolonisation im 12. bis 14. Jahrhundert, Leipzig 1931 [2].

b. Ostgrenze:

Arbusow, Leonid, Livland — eine Mark des Reiches 1207—1561 (Ostlandreihe 1), Riga 1944.

Aubin, Hermann, Die Ostgrenze des alten deutschen Reiches, Historische Vierteljahrsschrift 28, 1933, 225.

Ders., Von Raum und Grenzen des deutschen Volkes. Studien zur Volksgeschichte, Breslau 1938.

Ders., Geschichtlicher Aufriß des Ostraumes, Berlin 1940.

Ders., Die deutsche Volksgrenze im Osten, Festschrift *E. Gierach:* Wissenschaft im Volkstumskampf, Reichenberg 1941, 25.

Baethgen, Friedrich, Der Weg des deutschen Volkes in den Osten, in Das Auslanddeutschtum des Ostens, Auslandstudien, hrsg. v. Arbeitsausschuß z. Förderung d. Auslandsstudiums a. d. Albertus-Universität zu Königsberg, Bd. 7, Königsberg 1932.

Bosl, Karl, Die Markengründungen Kaiser Heinrichs III. auf bayerisch-österreichischem Boden, Zeitschr. f. Bayerische Landesgeschichte 14, 1943/44, 177.

Brackmann, Albert, Die Ostpolitik Ottos des Großen, Historische Zeitschrift 134, 1926, 242, Ges. Aufs., 140.

Ders., Kaiser Otto III. und die staatliche Umgestaltung Polens und Ungarns, Abhandlungen Berlin 1939, Ges. Aufs., 242 .

Ders., Die Anfänge des polnischen Staates in polnischer Darstellung, Festschrift *Ernst Heymann,* I., Weimar 1940, 61.

Ders., Zur Entstehung des ungarischen Staates, Berlin 1940.

Ders., Die Wikinger und die Anfänge Polens. Eine Auseinandersetzung mit den neuesten Forschungsergebnissen, Abhandlungen Berlin 1942.

Brunner, Otto, Österreich, das Reich und der Osten in Österreich, Erbe und Sendung im deutschen Raum, hrsg. von *Josef Nadler* u. *Heinrich v. Srbik,* Salzburg 1937 [4].

Bünding, Margret, Das Imperium Christianum und die deutschen Ostkriege vom 10. bis zum 12. Jahrhundert, Berlin 1940.

Brackmann, Albert (Hrsg.), Deutschland und Polen. Beiträge zu ihren geschichtlichen Beziehungen, München 1933.

Eggert, Oskar, Geschichte Pommerns (Der Göttinger Arbeitskreis 18), Kitzingen 1951.
Geschichte Schlesiens, hrsg. v. d. Historischen Kommission für Schlesien unter Leitung von *Hermann Aubin*, 1: Von der Urzeit bis zum Jahre 1526, Breslau 1938.
Gierach, Erich, u. *Loesch, von, Karl Christian*, Böhmen und Mähren im deutschen Reich, München 1939.
Hehn, von, Jürgen, Die baltischen Lande. Geschichte und Schicksal der baltischen Deutschen (Der Göttinger Arbeitskreis 17), Kitzingen 1951.
Jankuhn, Herbert, Zur Entstehung des polnischen Staates, Kieler Blätter 1940, 67.
Keyser, Erich, Geschichte des deutschen Weichsellandes, Leipzig 1940 [2].
Koch, Friedrich, Livland und das Reich bis zum Jahre 1225, Posen 1943.
Kutschka, Alfred, Die Stellung Schlesiens zum deutschen Reich im Mittelalter, Berlin 1924.
Ludat, Herbert, Die Anfänge des polnischen Staates, Krakau 1942.
Maschke, Erich, Das Erwachen des Nationalbewußtseins im deutsch-slawischen Grenzraum, Leipzig 1933.
Neumeyer, Heinz, Die staatsrechtliche Stellung Westpreußens zur Zeit der „polnischen Oberhoheit" (1454—1772), (Der Göttinger Arbeitskreis 35), Kitzingen o. J.
Petry, Ludwig, Breslaus Beitrag zur deutschen Geschichte, Breslau 1941.
Pfitzner, Josef, Die Geschichte Osteuropas und die Geschichte des Slawentums als Forschungsprobleme, Historische Zeitschrift 150, 1934, 21.
Schlesinger, Walter, Entstehung und Bedeutung der sächsisch-böhmischen Grenze, Neues Archiv f. sächsische Geschichte u. Altertumskunde 59, 1938, 6.
Ders., Die Anfänge der Stadt Chemnitz und anderer mitteldeutscher Städte, Weimar 1952.
Stadtmüller, Georg, Geschichte Südosteuropas, München 1950.
Stasiewski, Bernhard, Deutschland und Polen im Mittelalter, Historisches Jahrbuch 54, 1934, 294.
Pirchan, Gustav, Weizsäcker, Wilhelm, Zatschek, Heinz (Hrsg.), Das Sudetendeutschtum. Sein Wesen und Werden im Wandel der Jahrhunderte, Brünn 1939 [2].
Volz, Wilhelm (Hrsg.), Der ostdeutsche Volksboden. Aufsätze zu den Fragen des deutschen Ostens, Breslau 1926.
Witte, Hans, Mecklenburgische Geschichte, 1: Von der Urzeit bis zum ausgehenden Mittelalter, Wismar 1909.
Wittram, Reinhard, Baltische Geschichte. Die Ostseelande Livland, Estland, Kurland 1180—1918, München 1954.
Zycha, Adolf, Der Kampf der Deutschen um ihr Recht in Böhmen, Bonn 1940.

c. Deutsches Recht im Osten:

Anders, Joachim, Der Übergang vom polnischen zum deutschen Recht in den Herzogtümern Oppeln, Cosel-Beuthen und Ratibor im 13. und 14. Jahrhundert, Diss. Greifswald 1940, auch Deutsche Monatshefte 8, 1941, 153.
Blaese, Hermann, Die rechtliche Wirkungskraft des Sachsenspiegels im Bereich des heutigen Estlands und Lettlands, Zeitschrift d. Savigny-Stiftung f. Rechtsgeschichte, Germanistische Abteilung 62, 1942, 322.
Brünneck, von, Wilhelm, Zur Geschichte des Magdeburger Rechts und der Statuten der Armenier in Lemberg, Zeitschrift d. Savigny-Stiftung f. Rechtsgeschichte, Germanistische Abteilung 35, 1914, 1.
Ebel, Wilhelm, Deutsches Recht im Osten (Sachsenspiegel, Lübisches und Magdeburgisches Recht) (Der Göttinger Arbeitskreis 21), Kitzingen 1952.
Frommhold, Georg, Zur Geschichte des fränkischen Rechts in Schlesien, Zeitschrift d. Savigny-Stiftung f. Rechtsgeschichte, Germanistische Abteilung 13, 1892, 220.

Goerlitz, Theodor, Das flämische und das fränkische Recht in Schlesien und ihr Widerstand gegen das sächsische Recht, Zeitschrift d. Savigny-Stiftung f. Rechtsgeschichte, Germanistische Abteilung 57, 1937, 138.

Ders., Die Oberhöfe in Schlesien, Weimar 1938.

Ders., Das Rechtsbuch der Stadt Posen, insbesondere seine Verwandtschaft mit anderen deutschen Rechtshandschriften, Zeitschrift d. Savigny-Stiftung f. Rechtsgeschichte, Germanistische Abteilung 60, 1940, 143.

Ders., Das Institut zur Erforschung des Magdeburger Stadtrechtes. Stand und Aufgaben der Forschung über das Magdeburger Stadtrecht, insbesondere seine Verbreitung zwischen Ostsee und Schwarzem Meer, Jomsburg 6, 1942, 98.

Ders., Das Magdeburger Recht in Liegnitz, 700 Jahre eine Stadt deutschen Rechts, Breslau 1942, 24.

Halban, von, Alfred, Zur Geschichte des deutschen Rechtes in Podolien, Wolhynien und der Ukraine, Berlin 1896.

Kaindl, Raimund Friedrich, Zur Geschichte des deutschen Rechtes im Osten, Zeitschrift d. Savigny-Stiftung f. Rechtsgeschichte, Germanistische Abteilung 40, 1919, 275.

Koebner, Richard, Deutsches Recht und deutsche Kolonisation in den Piastenländern, Vierteljahrsschrift f. Sozial- und Wirtschaftsgeschichte 25, 1932, 313.

Kötzschke, Rudolf, Die Anfänge des deutschen Rechtes in der Siedlungsgeschichte des Ostens (Ius teutonicum), Berichte über die Verhandlungen der Sächsischen Akademie der Wissenschaften zu Leipzig, philologisch-historische Klasse, Leipzig 1941.

Krause, Paul, Forschungen zum Magdeburger Recht im Generalgouvernement, Sachsen und Anhalt 17, 1941/43, 278.

Lindner, Gustav, Der Schwabenspiegel bei den siebenbürger Sachsen, Zeitschrift d. Savigny-Stiftung f. Rechtsgeschichte, Germanistische Abteilung 6, 1885, 86.

Loesch, von, Heinrich, Die schlesische Weichbildverfassung der Kolonisationszeit, Zeitschrift d. Savigny-Stiftung f. Rechtsgeschichte, Germanistische Abteilung 58, 1938, 311.

Niitema, Vilho, Die undeutsche Frage in der Politik der livländischen Städte im Mittelalter, Helsinki 1949.

Peterka, Otto, Weizsäcker, Wilhelm, Beiträge zur Rechtsgeschichte von Leitmeritz, Prag 1944.

Goerlitz, Theodor u. *Gantzer, Paul* (Hrsg.), Rechtsdenkmäler der Stadt Schweidnitz einschließlich der Magdeburger Rechtsmitteilungen und der Magdeburger und Leipziger Schöffensprüche für Schweidnitz (Deutsche Rechtsdenkmäler aus Schlesien, 1), Stuttgart, Berlin 1939.

Goerlitz, Theodor u. *Gantzer, Paul* (Bearb.), Die Magdeburger Schöffensprüche und Rechtsmitteilungen für Schweidnitz, 1, Stuttgart, Berlin 1940.

Goerlitz, Theodor (Bearb.), Magdeburger Schöffensprüche für die Hansestadt Posen und andere Städte des Warthelandes (Die Magdeburger Schöffensprüche und Rechtsmitteilungen, Reihe 8, 1), Stuttgart, Berlin 1944.

Schubart-Fikentscher, Gertrud, Die Verbreitung der deutschen Stadtrechte in Osteuropa (Forschungen zum deutschen Recht 4, 3), Weimar 1942.

Die Verbreitung des deutschen Stadtrechts nach dem Osten, hrsg. v. d. Stadt Magdeburg nach den Vorarbeiten von *W. Weizsäcker, J. Schultze, B. Schultze* u. *P. Krause,* Heidelberg, Berlin o. J.

Weizsäcker, Wilhelm, Die Ausbreitung des deutschen Rechtes in Osteuropa, in Staat und Volkstum, Bücher des Deutschtums 2, 1926, 549.

Ders., Der Einfluß des deutschen Rechtes auf die böhmische Rechtsentwicklung, Mitteilungen des Vereins für Geschichte der Deutschen in Böhmen 66, 1928, 1.

Ders., Zur Geschichte des Meißner Rechtsbuchs in Böhmen und Mähren, Zeitschrift d. Savigny-Stiftung f. Rechtsgeschichte, Germanistische Abteilung 58, 1938, 584.

Ders., Leitmeritz als Vorort des Magdeburger Rechts in Böhmen, Neues Archiv f. Sächsische Geschichte 60, 1939, 1.

Ders., Das deutsche Recht des Ostens im Spiegel der Rechtsaufzeichnungen, Deutsches Archiv für Landes- und Volksforschung 3, 1939, 50.

Ders., Die Altstadt Prag und das Nürnberger Recht, Zeitschrift d. Savigny-Stiftung f. Rechtsgeschichte, Germanistische Abteilung 60, 1940, 117.

Ders., Zur Geschichte der Sammlungen Magdeburger Schöffensprüche im böhmischen Raum, Festschrift *Adolf Zycha*, Weimar 1941, 265.

Ders., Die Verbreitung des Meißner Rechtsbuches im Osten, Deutsches Archiv für Landes- und Volksforschung 5, 1941, 26.

Ders., Der Stand der rechtsgeschichtlichen Forschung im deutschen Osten, Deutsche Ostforschung 1, Leipzig 1942, 391.

Ders., (Bearb.), Magdeburger Schöffensprüche und Rechtsmitteilungen für den Oberhof Leitmeritz (Die Magdeburger Schöffensprüche und Rechtsmitteilungen, Reihe 9, 1), Stuttgart, Berlin 1943.

Ders., Zur Geschichte des deutschen Stadtrechts im Osten, Deutsches Archiv für Landes- und Volksforschung 8, 1944, 151.

Ders., Geschichte des Rechts in Böhmen und Mähren, in Die Deutschen in Böhmen und Mähren, hrsg. von *Helmut Preidel*, Gräfelfing bei München 1950, 132.

Ders., Das deutsche Recht als Aufbaufaktor des Ostens, in Der Deutsche Osten und das Abendland, hrsg. von *Hermann Aubin*, München 1953, 95.

Winterfeld, von, Luise, Memel und das älteste Recht der freien Reichsstadt Dortmund (Beiträge zur Geschichte Dortmunds und der Grafschaft Mark 46), Dortmund 1940.

Zycha, Adolf, Das böhmische Bergrecht des Mittelalters auf Grundlage des Bergrechtes von Iglau, 2 Bde. Berlin 1900.

HEFT 31

Prof. Dr.-Ing. Dr. h. c. Fritz Mietzsch, Wuppertal
Chemie und wirtschaftliche Bedeutung der Sulfon-
amide

Prof. Dr. Dr. h. c. Gerhard Domagk, Wuppertal
Die experimentellen Grundlagen der bakteriellen
Infektionen
82 Seiten, 2 Abb., kartoniert, DM 5,25

HEFT 32

Prof. Dr. Hans Braun, Bonn
Die Verschleppung von Pflanzenkrankheiten und
-schädlingen über die Welt

Prof. Dr. Wilhelm Rudorf, Voldagsen
Der Beitrag von Genetik und Züchtung zur Be-
kämpfung von Viruskrankheiten der Nutzpflanzen
88 Seiten, 36 Abb., kartoniert, DM 6,75

HEFT 33

Prof. Dr.-Ing. Volker Aschoff, Aachen
Probleme der elektroakustischen Einkanalübertra-
gung

Prof. Dr.-Ing. Herbert Döring, Aachen
Erzeugung und Verstärkung von Mikrowellen
74 Seiten, 23 Abb., kartoniert, DM 4,50

HEFT 34

Geheimrat Prof. Dr. Dr. Rudolf Schenck, Aachen
Bedingungen und Gang der Kohlenhydratsynthese
im Licht

Prof. Dr. Emil Lehnartz, Münster
Die Endstufen des Stoffabbaues im Organismus
80 Seiten, 11 Abb., kartoniert, DM 5,50

HEFT 35

Prof. Dr.-Ing. Hermann Schenck, Aachen
Gegenwartsprobleme der Eisenindustrie in Deutschland

Prof. Dr.-Ing. Eugen Piwowarsky †, Aachen
Gelöste und ungelöste Probleme im Gießereiwesen
110 Seiten, 67 Abb., kartoniert, DM 9,—

HEFT 36

Prof. Dr. Wolfgang Riezler, Bonn
Teilchenbeschleuniger

Prof. Dr. Gerhard Schubert, Hamburg
Anwendung neuer Strahlenquellen in der Krebs-
therapie
104 Seiten, 43 Abb., kartoniert, DM 8,20

HEFT 38

Dr. E. Colin Cherry, London
Kybernetik

Prof. Dr. Erich Pietsch, Clausthal-Zellerfeld
Dokumentation und mechanisches Gedächtnis —
zur Frage der Ökonomie der geistigen Arbeit
108 Seiten, 31 Abb., kartoniert, DM 7,20

HEFT 40

Bergassessor Fritz Lange, Bochum-Hordel
Die wirtschaftliche und soziale Bedeutung der
Silikose im Bergbau

Prof. Dr. Walter Kikuth, Düsseldorf
Die Entstehung der Silikose und ihre Verhütungs-
maßnahmen
120 Seiten, 40 Abb., kartoniert, DM 9,50

HEFT 40 a

Prof. Dr. Eberhard Gross, Bonn
Berufskrebs und Krebsforschung

Prof. Dr. Hugo Wilhelm Knipping, Köln
Die Situation der Krebsforschung vom Standpunkt
der Klinik
88 Seiten, 31 Abb., kartoniert

HEFT 41

Dr.-Ing. G. V. Lachmann, Teddington
An einer neuen Entwicklungsschwelle im Flugzeugbau

Dr. A. Gerber, Zürich
Stand der Entwicklung der Raketen- und Lenk-
technik
88 Seiten, 44 Abb., kartoniert

HEFT 42a

Prof. Dr. Dr. h. c. Gerhard Domagk, Wuppertal
Fortschritte auf dem Gebiet der experimentellen
Krebsforschung
46 Seiten, kartoniert, DM 2,60

HEFT 43

Prof. Giovanni Lampariello, Rom
Über Leben und Werk von Heinrich Hertz

Prof. Dr. Walter Weizel, Bonn
Über das Problem der Kausalität in der Physik
76 Seiten, kartoniert, DM 4,40

HEFT 45

Prof. Dr. John von Neumann, Princeton/USA
Entwicklung und Ausnutzung neuerer mathemati-
scher Maschinen

Prof. Dr. E. Stiefel, Zürich
Rechenautomaten im Dienste der Technik mit Bei-
spielen aus dem Züricher Institut für angewandte
Mathematik
74 Seiten, 6 Abb., kart.

In Vorbereitung sind:

HEFT 27

Prof. Dr. Heinrich Behnke, Münster
Der Strukturwandel der Mathematik in der ersten
Hälfte des 20. Jahrhunderts

Prof Dr. Emanuel Sperner, Hamburg
Eine mathematische Analyse der Luftdruckvertei-
lungen in großen Gebieten

HEFT 28

Prof. Dr. Oskar Niemczyk, Aachen
Die Problematik gebirgsmechanischer Vorgänge im
Steinkohlenbergbau

Prof. Dr. Wilhelm Ahrens, Krefeld
Die Bedeutung geologischer Forschung für die
Wirtschaft besonders in Nordrhein-Westfalen

GEISTESWISSENSCHAFTEN

Bisher sind erschienen:

HEFT 1
Prof. Dr. Werner Richter, Bonn
Die Bedeutung der Geisteswissenschaften für die
Bildung unserer Zeit
Prof. Dr. Joachim Ritter, Münster
Die aristotelische Lehre vom Ursprung und Sinn
der Theorie   *64 Seiten, kartoniert, DM 3,50*

HEFT 2
Prof. Dr. Josef Kroll, Köln
Elysium
Prof. Dr. Günther Jachmann, Köln
Die vierte Ekloge Vergils
                    72 Seiten, kartoniert, DM 3,75

HEFT 3
Prof. Dr. Hans Erich Stier, Münster
Die klassische Demokratie
                    100 Seiten, kartoniert, DM 6,—

HEFT 4
Prof. Dr. Werner Caskel, Köln
Lihyan und Lihyanisch. Sprache und Kultur eines
früharabischen Königreiches
        168 Seiten, 2 Abb., 2 Schriftentafeln 2 Karten,
                                        DM 11,—

HEFT 5
Prof. Dr. Thomas Ohm, Münster
Stammesreligionen im südlichen Tanganyika-
Territorium
        80 Seiten, 25 zum Teil mehrfarbige Abb.,
                            kartoniert, DM 11,50

HEFT 6
Prälat Prof. Dr. Dr. h. c. Georg Schreiber, Münster
Deutsche Wissenschaftspolitik von Bismarck bis zum
Atomwissenschaftler Otto Hahn
            102 Seiten, 7 Bilder, kartoniert, DM 6,25

HEFT 7
Prof. Dr. Walter Holtzmann, Bonn
Das mittelalterliche Imperium und die werdenden
Nationen   *28 Seiten, kartoniert, DM 2,50*

HEFT 8
Prof. Dr. Werner Caskel, Köln
Die Bedeutung der Beduinen in der Geschichte der
Araber   *44 Seiten, kartoniert, DM 2,75*

HEFT 10
Prof. Dr. Peter Rassow
Forschungen zur Reichsidee im 16. und 17. Jahr-
hundert   *32 Seiten, kartoniert, DM 1,90*

HEFT 12
Prof. D. Karl Heinrich Rengstorf, Münster
Mann und Frau im Urchristentum
Prof. Dr. Hermann Conrad, Bonn
Grundprobleme einer Reform des Familienrechts
                106 Seiten, kartoniert, DM 6,—

HEFT 13
Prof. Dr. Max Braubach, Bonn
Der Weg zum 20. Juli 1944 — Ein Forschungs-
bericht   *48 Seiten, kartoniert, DM 3,25*

HEFT 15
Prof. Dr. Franz Steinbach, Bonn
Der geschichtliche Weg des wirtschaftenden Menschen in die soziale Freiheit und politische Ver-
antwortung   *76 Seiten, kartoniert, DM 3,80*

HEFT 17
Prof. Dr. James Conant,
US-Hochkommissar für Deutschland
Staatsbürger und Wissenschaftler
Prof. D. Karl Heinrich Rengstorf, Münster
Antike und Christentum
                48 Seiten, 2 Abb., kartoniert, DM 3,50

HEFT 19
Prof. Dr. Fritz Schalk, Köln
Das Lächerliche in der französischen Literatur des
Ancien Régime
                42 Seiten, kartoniert, DM 2,25

HEFT 20
Prof. Dr. Ludwig Raiser, Bad Godesberg
Rechtsfragen der Mitbestimmung
                48 Seiten, kartoniert, DM 2,50

HEFT 21
Prof. D. Martin Noth, Bonn
Das Geschichtsverständnis der alttestamentlichen
Apokalyptik   *36 Seiten, kartoniert, DM 2,20*

HEFT 22
Prof. Dr. Walter F. Schirmer, Bonn
Glück und Ende der Könige in Shakespeares
Historien   *32 Seiten, kartoniert, DM 1,60*

HEFT 25
Prof. Dr. Hans Peters, Köln
Die Gewaltentrennung in moderner Sicht
                    48 Seiten, kartoniert

HEFT 28
Prof Dr. Thomas Ohm, Münster
Die Religionen in Asien
            50 Seiten, 4 mehrfarbige Klapptafeln,
                            kartoniert, DM 7,—

HEFT 29
Prof. Dr. Leo Weisgerber, Bonn
Die Ordnung der Sprache im persönlichen und
öffentlichen Leben   *64 Seiten, kartoniert, DM 3,50*

HEFT 30
Prof. Dr. Werner Caskel, Köln
Entdeckungen in Arabien
                44 Seiten, kartoniert, DM 3,20

HEFT 32
Prof. Dr. Fritz Schalk, Köln
Somnium und verwandte Wörter in den romani-
schen Sprachen
                48 Seiten, 3 Abb., kartoniert

HEFT 34
Prof. Dr. Thomas Ohm, Münster
Ruhe und Frömmigkeit
128 Seiten, 29 Abb., 1 mehrfarbige Klapptafel,
kartoniert, DM 10,70

HEFT 36
Prof. Dr. Hans Sckommodau, Köln
Die religiösen Dichtungen Margaretes von Navarra
172 Seiten, kartoniert, DM 9,60

HEFT 38
Prof. Dr. Dr. Joseph Höffner, Münster
Statik und Dynamik in der scholastischen Wirt-
schaftsethik   *48 Seiten, kartoniert, DM 2,85*

HEFT 41
Prof. Dr. Johann Leo Weisgerber, Bonn
Die Grenzen der Schrift – Der Kern der Rechtschreib-
reform   *72 Seiten, kartoniert, DM 4,80*

In Vorbereitung sind:

HEFT 9
Prälat Prof. Dr. Dr. h. c. Georg Schreiber,
Münster
Iroschottische Motive im abendländischen Sakral-
raum

HEFT 11
Prof. Dr. Hans Erich Stier, Münster
Roms Aufstieg zur Weltherrschaft

HEFT 14
Prof. Dr. Paul Hübinger, Münster
Das deutsch-französische Verhältnis und seine
mittelalterlichen Grundlagen

HEFT 16
Prof. Dr. Josef Koch, Köln
Die Ars coniecturalis des Nikolaus von Cues

HEFT 18
Prof. Dr. Richard Alewyn, Köln
Klopstocks Publikum

HEFT 23
Prof. Dr. Günther Jachmann, Köln
Der homerische Schiffskatalog und die Ilias

HEFT 24
Prof. Dr. Theodor Klauser, Bonn
Die römischen Petrustraditionen im Lichte der
neuen Ausgrabungen unter der Peterskirche

HEFT 26
Prof. Dr. Fritz Schalk, Köln
Calderon und die Mythologie

HEFT 27
Prof. Dr. Josef Kroll, Köln
Vom Leben geflügelter Worte

HEFT 31
Prof. Dr. Max Braubach, Bonn
Entstehung und Entwicklung der landesgeschicht-
lichen Bestrebungen und historischen Vereine im
Rheinland

HEFT 33
Prof. Dr. Friedrich Dessauer, Frankfurt a. M.
Erbe und Zukunft des Abendlandes

HEFT 37
Prof. Dr. Herbert von Einem, Bonn
Der Kopf mit der Binde des Meisters von Naumburg

HEFT 39
Prof. Dr. Fritz Schalk, Köln
Diderots Essai über Claudius und Nero

HEFT 40
Prof. Dr. Gerhard Kegel, Köln
Probleme des internationalen Enteignungs- und
Währungsrechts

HEFT 42
Prof. Dr. Richard Alewyn, Köln
Von der Empfindsamkeit zur Romantik

HEFT 43
Prof. Dr. Theodor Schieder, Köln
Die Probleme des Rapallo-Vertrages 1922

HEFT 44
Prof. Dr. Andreas Rumpf, Köln
Stilphasen der spätantiken Kunst

GPSR Compliance
The European Union's (EU) General Product Safety Regulation (GPSR) is a set
of rules that requires consumer products to be safe and our obligations to
ensure this.

If you have any concerns about our products, you can contact us on

ProductSafety@springernature.com

In case Publisher is established outside the EU, the EU authorized
representative is:

Springer Nature Customer Service Center GmbH
Europaplatz 3
69115 Heidelberg, Germany